BORED
AND
BRILLIANT

放空

无 聊
为什么能
解 锁
创意与效率

[美]
/
曼诺诗·左莫若迪
(Manoush Zomorodi)
/
著

徐洁
/
译

中信出版集团 | 北京

图书在版编目（CIP）数据

放空：无聊为什么能解锁创意与效率 /（美）曼诺诗·左莫若迪著；徐洁译 .-- 北京：中信出版社，2020.4

书名原文：BORED AND BRILLIANT

ISBN 978-7-5217-0758-8

Ⅰ.①放… Ⅱ.①曼… ②徐… Ⅲ.①创造性思维—通俗读物 Ⅳ.① B804.4-49

中国版本图书馆 CIP 数据核字（2020）第 034427 号

放空——无聊为什么能解锁创意与效率

著　　者：[美] 曼诺诗·左莫若迪
译　　者：徐洁
出版发行：中信出版集团股份有限公司
（北京市朝阳区惠新东街甲 4 号富盛大厦 2 座　邮编　100029）
承 印 者：山东鸿君杰文化发展有限公司

开　　本：880mm × 1230mm　1/32　　印　　张：8.75　　字　　数：140 千字
版　　次：2020 年 4 月第 1 版　　印　　次：2020 年 4 月第 1 次印刷
京权图字：01-2019-2955　　广告经营许可证：京朝工商广字第 8087 号
书　　号：ISBN 978-7-5217-0758-8
定　　价：58.00 元

服务热线：400-600-8099
投稿邮箱：author@citicpub.com

目 录

前言 无聊的例子

2007 年 6 月，我儿子出生，相隔三周，iPhone（苹果手机）问世。我并不是一个潮流电子产品发烧友，所以并没急着去买，而且我有太多急迫的事情要做。我的新生宝宝娇弱多病，只有在婴儿推车轻轻摇动时，他才会安然入睡。我只能花好几个小时轻轻推动婴儿车，哄他睡觉。我每天光是推婴儿车可能都要走上 10~15 英里[①] 的路程。我得小心翼翼，因为新生宝宝需要在绝对安静的环境中才能一次性睡觉超过 15 分钟，所以我不能接打电话，不能去喝咖啡，甚至不能坐在长椅上休息一会儿。婴儿成长得很快，但这段时间是我人生中最无聊的时光。

起初，我很生气、沮丧、伤感。这是我这一代人的典型经历：一个完全没有做好准备的都市白领突然转变为孤独的母亲。

① 1 英里 ≈1.6 千米。——编者注

过去，作为国际新闻制作人，无论世界哪个角落发生了大事，我总会迅速进入紧急状态。报道协和式飞机坠毁或贝尔格莱德议会失火这类事情，就是我的工作。12 年来，我一直在快节奏的新闻广播电台工作。周末，我则整天窝在沙发上翻阅《纽约时报》以及最新的畅销小说。

当我怀上第一个孩子时，我就想象与我的丈夫［乔希（Josh），他是一名记者和冒险家］，带着孩子，背着行囊去环游世界，并且不耽误我们热爱的工作。这真是个笑话呀！在我的儿子凯（kai）把我的屁股踢得非常痛以后，我再也不这样想了。我感到前所未有的寂寞和疲惫。《纽约时报》？最新小说？我们每周做得最多的就是喂宝宝和洗碗。

然而，几个星期后，我的推车“马拉松”长跑出现了一个转折。我不仅适应了这个节奏，而且开始注意到我以前从未注意过的周围事物。雕饰的飞檐和怪兽滴水嘴成为生活中熟悉的日常。我已经成长为社区景观美化专家。我甚至明确知晓人行道上哪些地方有裂缝和障碍物。我适应了停止忙碌的不舒适，开始感谢漫无目的的踱步。当我整夜坐在办公室里工作时，我哪会有时间闲逛？最重要的是，我明白了与孩子共生的意义。要与我创造的这个美丽小人儿充分协调，需要我放慢脚步，最初这让我感到非常不舒服，随后却彻底改变了我。

我的孩子成长得越来越健硕，很快，这种散漫的日子结束了，我返回工作岗位。如果说我过去认为生活就是忙碌的，那其实是我不理解生活。接下来的几年时间被我个人的努力和专业的创造力填满。我为路透社、纽约公共广播电台（WNYC）报道科技和商业方面的新闻；写了我的第一本书（为非营利组织和企业制作视频的指南）；还迎来了我的女儿，苏拉娅（Soraya）。

2013 年，我建议纽约公共广播电台每周制作科技版面，报道纽约蓬勃发展的科技领域的更多新闻，六个月后，我也因此从事了自己梦寐以求的工作，主持我自己的电台栏目和关于技术人性化的播客。

这个栏目，最终被命名为《写给自己》（*Note to Self*），我对它充满了信心。我有机会为一群反响强烈的听众创作出关于现代生活重要主题的一些有意义、有趣的东西。这是在我有生之年的一个重要机会，它给予我从未体验过的对创造性的控制和责任。如果我搞砸了，可能以后再也不会有这么好的机遇了。

一开始，我全力以赴。通过周围聪明而有见识的人，我报道了许多迷人的故事，得到了公众的好评。

然后我碰壁了，说是崩溃更为合适。这与作家卡壳有所不同。卡壳只是暂时的空白，没有头绪，而我的问题是一片虚无，头脑中什么都没有，这简直糟糕透顶。

当然，一部分原因是这个极好的机遇带来的压力。过于追求完美会导致残缺。但是，我知道，还有其他原因。

我感到十分疲倦，几乎筋疲力尽。为什么？嗯，是的，我生活在世界上最忙碌的城市之一，在母亲、妻子的角色以及职业角色之间快速转换，但绝不止于此。为了分析原因，我开始观察自己的行为。坦率地说，我发现，我已经筋疲力尽。一旦我花时间来思考，才意识到，在我的生活中，只要我醒着，我总不会闲着，主要帮凶就是我的手机。

我很早以前就把旧翻盖手机换成了智能手机，我所有的空闲时间都花在上面。无论是等地铁，排队买咖啡，还是在幼儿园接孩子，我都会不停地接发手机信息。我查天气，更新推特（Twitter），回复电子邮件。当筋疲力尽的一天将要结束时，我倒在床上，没有休息的打算，打开《两点之间》（*Two Dots*）这款小游戏，它简直让人停不下来。我并没有用我的智能手机连接世界，而用它来逃避现实。在推特上消磨时光使我冗长的上下班通勤时间变得轻松，更新我痴迷的日程表带给我完成了很多事情的满足感。随着生活水平的提高，我对科技产品数量和速度的需求也越来越高。我的大脑被占据，但它对接收的信息并没有做任何主动处理。

为弄清楚过去的好创意是什么时候想到的，我回忆起我和凯在那些漫长、孤独的，不带任何电子产品散步时的情景，在散步的路上，我记录了看到的周围事物的每一个细节。我也对我在过去 15 年里所获得的专业技能做了一次内部评估。就像我悠然的散步，这次评估不是一次处心积虑的计算，而是一次贯穿我职业生涯的曲折的精神之旅，因此，我想我也可以把这个技能运用到下一个工作中去。我开始放飞身心，它有时会飞去一些黑暗和令人不舒服的地方，但有时也走在康庄大道上。

回顾过去那段经历，我看到了平淡、无聊与充满蓬勃创造力之间的联系。我很清楚这一点，因为技术创新周期的加速期恰逢我人生中的重大转折期。在我儿子出生和学步时期，移动技术正改变人们打车、点餐、交友的方式。突然之间，几十年来固定不变、非常基本的社交行为被颠覆了。然后，当新一代操作系统在 6 个月后问世时，它会再一次颠覆人们的生活。在这一时期，我的人生不能仅仅以生孩子前、生孩子后来划分，还可用智能手机前、智能手机后来划分。孩子和智能手机彻底改变了我的人生。

鉴于这些，我问自己：缺少创意是否与从未感到无聊有关?

/ 初始的“放空：无聊为什么能解锁创意与效率”[①] 项目 /

毫无疑问，我们正处在前所未有的历史时期，我们的注意力集中在热门需求上。随着智能手机和平板电脑的出现，用户现在每天平均在移动设备上花费两小时五十七分钟，每天在屏幕前花费的时间约 11 个小时。虽然我们不确定长期盯着电子屏幕是否会产生有害影响，但确定的是科技正在改变我们（目前还不清楚它是否会让我们变得更好）。

家长们对如何在数字时代培养健康和自信的孩子感到烦恼。如果我们的孩子不断地接触这些琐碎且凌乱的信息，那么，他们的想象力、注意力、反思过去经验以便于指导未来目标的能力，以及弄清楚自己想要的人际关系和生活的能力会受到什么影响呢？

在科技时代，如何适应大脑的这种转变，不仅令家长们担心，而且会对商业活动产生重大影响。有证据表明，如果人们不总是一直在线上，他们的工作可能就会做得更好。英格兰银行首

① 原文为“Bored and Brilliant”，直译为“无聊且出色”，这里为与书名对应，译为“放空：无聊为什么能解锁创意与效率”，后文简称为“放空”。——编者注

席经济学家表示了他对技能建设、创新和整个经济可能面临的风险的担忧，因为“快速的思考可能导致增长滞缓”。

不停地滑动手机屏幕，处理各类 App（手机应用程序）时，蓝光对我们的健康有什么样的影响？也许你在临睡前躺床上多玩几个小时，比如玩《两点之间》这样的小游戏（就像我那样），就会知道答案。事实上有时也许你在放松，但大多数时候并不是那样。

从我的困惑中引发出很多重要的问题，我试图研究如果一直让大脑保持忙碌，不给予自己精神的“悠然流淌”，结果会怎么样。我与神经科学家和认知心理学家讨论了“走神”—— 当我们什么都不做，或者不能专注于某个任务时，我们的大脑在做什么。

在叠衣服时，我们可能会觉得没做什么事，但事实上，我们的大脑此时正在努力工作。当大脑漫游时，我们会激活一个叫作“默认模式”的东西，这是我们解决这些问题之所在，它制造出最好的想法，并参与所谓的“自传性规划”（autobiographical planning），进而让人感知世界，理解生活，并设定未来目标。“默认模式”同样涉及我们如何理解、同情他人，并做出道德判断。

当我们放空自己，让自己的心神自在漫游时，我们会做出最原始的思考并解决问题；心无旁骛时，你的思想会带你去一些有趣的、令人惊喜的地方。创造力——无论你如何定义或运用它，都需要一种灵感激发力，无聊使得大脑中形成新的不同的联系，是一种最有效的灵感激发。未来学家瑞塔·金（Rita King）将无聊称为“创造力的乏味”。

金的工作是设想和规划城市从现在到未来200年的发展状况及趋势，企业领导者可利用这个未来趋势，开展商业行动。创造力就是她的事业。她说：“许多人犯的错误是，他们以为一个创意带来的欣喜感会持续下去，但即便在想法变成现实之前，还需要无数的小步骤。许多人丧失了信心或动力，因为那些微不足道的、必须要完成的小事太枯燥了。”金解释说：“创造力的乏味可能令人望而生畏，尤其是与当我把事情从待办事项清单上划掉时的满足感相比时，这就是为什么我会把我的待办事项清单列得这么长。”

但是，如果我们允许自己花点时间去专注于无事可做，尤其是临睡前、洗澡时或在林中散步时，灵感就会出现。默认模式也被称为“想象网络”。无聊给了我们空间去问“要是……会怎样”这样一个必要问题，这个问题不仅关乎我们创造性的努力，也关乎我们的精神健康和个人成长。

约克大学认知神经科学教授、走神问题研究专家乔纳森·斯莫尔伍德博士说，“当我们思想空闲时，在很深的程度上，创意与我们无意识的思维之间有着密切的联系”。换句话说，你必须让自己感到无聊，才能更聪明。

所以，我想知道：如果我们改变了与电子产品的关系，我们能产生更伟大更美好的想法吗？我们的工作方式、为人父母的方式，以及人际关系，会不会发生连锁变化？它能改变我们看待世界的方式吗？ 2015 年 2 月，我和我的团队组建了一个关于“放空”的实验项目来验证我的理论。我们发起了一系列挑战活动，旨在帮助人们摆脱电子设备，挖掘他们的创造力。

尽管很多听众及周围的人都抱怨，“现在每个人总是在看手机”，但我并不确定重新考虑我们与智能手机、笔记本电脑和平板电脑的关系这个话题是否会激发公众极大的热情。然而，我在纽约公共广播电台的老板告诉我要相信自己的直觉。于是我放下疑虑，邀请其他人加入我的队伍，找时间“放空自己”。所有年龄段的听众都表示了强烈的赞同！他们通过推文、电子邮件和脸书（Facebook）的帖子来表达支持，并且纷纷登记参与该项目。

最后，几乎每个州都有两万多人加入“放空”项目。参与人数最多的是纽约、旧金山、洛杉矶、哥伦比亚特区、芝加哥和阿肯色州。也有来自斯洛伐克、以色列、丹麦、澳大利亚和英国的参与者。

在开始这个项目之前，我们调查了参与者的动机、欲望和梦想。在我们的调查结果中，出现了一些明确的趋势和主题。40%的参与者说，他们想减少翻看手机的频率，摒弃这种新养成、想要获知一切的本能。有些人想为他们的孩子树立更好的行为模范，每当父母的眼睛盯着屏幕或发短信时，孩子们都会敏锐地意识到这一点。其他人则渴望找到在使用诸如脸书和推特等社交媒体网站上“浪费时间”和“有价值地使用网络”之间的界限。还有一部分人很感激科技给他们提供了保持联系的条件，但是也希望通过设置限制以使他们不要总是在线上。

调查结果中，对电子屏幕最主要的三个担忧是：

- 它扰乱了我的创造力，降低了我的工作效率；
- 我上瘾了；
- 它可能真的会影响我的健康。

我的担忧亦是如此。但有没有什么数据能支持我们的疑虑？走神研究领域的专家、中央兰开夏大学[①]的沙特曼博士表示：我们正在进行的研究表明，手机和其他移动设备肯定影响了我们的

① 中央兰开夏大学，英文简写为 UCLan，建立于 1828 年，坐落于英国西北部的兰开夏郡的首府普雷斯顿市，是一所综合性的公立大学，其专业优势主要是社会科学和文化创意产业领域。——编者注

大脑，但我们才刚刚开始研究，而且现有的任何证据都是间接的。还没有任何一项随机研究将使用手机的人们与不使用手机的人们进行对比。我们在做自己的伟大实践，但我们不知道结果，直到我们经历后，才能得出好与坏的结果。

我们确实不知晓长期使用智能手机可能会带来的影响，而且究竟是我们利用技术来实现目标，还是我们的大脑正在适应更高效地利用技术，这点仍存在分歧。同样，对走神现象的科学研究也处于起步阶段。不过，有研究表明，要迸发原创思维，就必须停止接收外界不断的刺激。

所以人类正处于十字路口的说法并不夸张，思想家们把这一时期称为信息时代或智能时代。社会生产力不再像工业时代那样由商品的数量决定，而是由数据和其他无形的元素来衡量。瑞塔·金把我们的时代定义为“想象时代”，因为想象力帮助我们把推动文化和社会发展的无形资产联系起来。如果这一论断是真实的，那么我们比历史上任何时期都更加需要让我们的大脑迸发“独创性”。

我的手机，我该怎样“爱你”？

让我思索一下……

我的笔记本电脑、平板电脑和手机比任何人都更了解我。它们知道我喜欢什么，知道如何吸引我的注意力。更可怕的是，它们几乎知道我所有的秘密。以下是一些“放空”项目的参与者描述的他们与其手机的关系。

我和我的手机之间的关系就像是一个婴儿和他的泰迪熊，或者婴儿和小丑宾吉，我就像一个渴望妈妈的怀抱却被陌生人抱住的婴儿。

——罗恩

我把手机当成我最好的朋友，一个同时拥有最好和最坏品质的好朋友，但是如果我消极被动，被这个朋友主导，那么它就会带我逃离现实，分散我的注意力，让我的生活变得疯狂。

——威廉

我觉得我整天都盯着屏幕看，不仅不健康，而且越来越不善交际。有时候感觉手机让我无法看清周围真实的世界。坐火车时，环顾四周，大部分人都盯着手机屏幕，这很奇怪，非常糟糕。我要远离这一切！

——桑德拉

它的使用价值很高，但是如果运用不当，也很危险。

——安妮

在“放空”项目一周的挑战活动结束后，我们又进行了一次调查，看看实验之后人们的行为是否发生了变化。但结果令我很失望，我们一周的手机使用时间总共才削减了六分钟。不过，麻省理工学院技术和社会学教授、《重拾交谈》[①]（*Reclaiming Conversation*）的作者雪莉·特克尔（Sherry Turkle）在谈论这个项目时说：“更重要的结果不是行为的改变，而是人们感觉自己有办法反思自己的行为，我们想通过设置一个对话来找到前进的方向。”

事实上，参与实验的人们觉得经过这次实验他们发生了根本性的变化。其中 70% 的人说，在实验周结束之后，他们觉得自己有更多的时间来思考。一个人说：“这就像我从一个漫长的精神冬眠中苏醒。”作家终于完成了手稿，企业家们解决了工作上的疑难问题，教师在课堂上与学生有了更多的眼神交流。通过控制在手机、平板电脑和电脑上花费的时间，人们的工作效率和创造性都提高了。这个项目就像星星之火，终于可以燎原。高级中学要求把这个项目放入课程计划中；企业也希望整个部门共同完成这个项目；新奥尔良大学要求新生每个学期开始时都要进行“放空”项目一周。

① 《重拾交谈》中文版已由中信出版集团出版。——编者注

/ 我们如何达到目的？ /

虽然我们在《写给自己》栏目中播出的“放空”系列活动已经结束了，但真正的“工作”才刚刚开始。我仍然充满好奇。我知道我只是触碰到无聊的表面。人们为什么对无聊会有这么差的印象？我们畏惧无聊是出于本能还是受文化的影响？当我们感到无聊时，我们的大脑会发生什么？同样，对于孩子大脑的影响呢？而且，当企业重视原创思维，而我们又不给予自己思考的机会时会发生什么？我们与这些科技小玩意之间的关系发生了很大的变化。

本书是我痴迷于无聊的研究结果：以已有的研究、故事及与研究人员、医生、艺术家和普通人的对话为指导，探索有关无聊的历史、文化和科学。我还提炼了原来的行动计划，这帮助听众重新成功地掌控了科技生活。研究的成果是一个七步行动计划，利用无聊的潜在优势，帮我们发现自己的内在优势。

我想澄清一点，本书并不是反科技的。电脑、互联网和移动设备将我们连接在一起，使我们更加迅速准确地了解信息和知识。正是由于这些条件，我即使是两个孩子的妈妈，仍然可以全职工作。我对此深表感激。

每当开发出新的技术时，社会就会有一个令人不安的时期。

在这个时期，我们被这种技术迷惑，不加区别地使用它，却没有真正理解它的作用。虽然彻底抛弃我们的设备不是解决问题的最佳方案，但对于大多数人来说，我们与小玩意的蜜月期应该结束了。

南加州大学大脑和创造力研究所教育学、心理学和神经科学副教授玛丽·海伦·伊里诺迪诺－杨博士（Mary Helen Immordino-Yang）说："我们需要的是帮助人们思考如何最有效地整合这些技术，并以最有利的方式将其融入我们的日常生活中。""我们需要学习如何管理这些'线上世界'，以便更有效地利用它们，且不会让它们干扰我们自身的潜力。我们需要弄清楚如何以最好的方式适应和使用它们。"

我们退一步来说："嘿，手机和平板电脑给予我们的是我们渴望的吗？"社交是很重要，但不能以脱离自我为代价。如何整合生活中的科技产品，使其真正在社会认知和创造力上产生影响是极其重要的一个战略课题。一旦我们仔细观察自己的行为，就会更加具有目的性并能控制行为的影响。为更好地了解电子设备和大脑计算方式的不同，我们普通大众也可以向科技企业的领导者施加压力，倡导这些科技企业制造改善我们生活质量的科技产品，而不是让我们做更多事情的科技产品。

在我所有的研究中，有一点是很清楚的：我们渴望有自省的时间；我们寻求平衡；我们期待一个充满快乐和新奇的生活。这也是“放空”项目探索的主题。它是一个能教导人们如何在电子信息时代进行自我管理、保持自我想法，任何人都可以使用的指导工具。

/ 如何使用本书 /

当我们开始做第一个“放空”实验时，我并不认为人们希望我会精准指导他们应该如何改善自己的行为，而是认为他们更喜欢根据自己的需要量身定做属于自己的想法和任务。后来，我发现我错了。事实上，大多数人想要详细的具体任务，以便能清楚地知道他们是否正确地完成了任务。我承认，当时的我并不明确他们是正确完成了那些挑战还是没完成，还是只完成了一半。但是现在，我们已经测试了所有的步骤，并根据第一批大量的“放空”项目参与者的反馈进行了微调，编制了一套高效且清晰的步骤。当然，我也鼓励你在任何你认为不合适的地方进行个人调整。

“放空”项目有七个挑战活动，本书中，这几个挑战活动出现在每章的结尾（从第二章开始）。挑战的目的是通过了解你与科技的关系及大脑和科技可能发生的冲突，逐步引导你去构筑拥抱无聊的能力。我们将尝试用不同的方法来帮助你创造更多的心理空间，进行更深入、更富有成效的思考，最后，帮助你发现自己的创造力，促使你思考更深层次的问题。

我建议你先不要做挑战，而要先阅读完整本书，这样你可以按自己的节奏阅读、理解此书。一旦你读完之后，就安排一个星期（不要间隔太久）的时间，开始进行连续挑战，每天一个。若你能保持一天挑战两个或更多的任务，那就更棒了。

有些挑战日会让你放松，而有些会让你感到不安。无论完成什么任务，我都可以保证你会被改变（即便只完成一个六分钟的短时间的电话使用任务）。一位人力资源媒体高管在参加了最初的一周挑战之后写信给我说："起初我有点怀疑，但最终你改变了我。我一直在寻找新的思维方式和做事方式。这一点非常不同，非常值得花时间去做。"

"放空"在个人和团体层面都是一个令人大开眼界的项目。考虑一下召集家人、朋友或同事与你一起挑战。最后，无论你为什么或如何挑战"放空"项目，请记住，它的本质目的是在你的生活中创造更多的好奇心、创造力和快乐。所以，不要对自己太苛刻或死板，简单地通过几个步骤，让此项目在你面前有条不紊地展开。

创造力和定义出色

什么是“创造性思维”？你的想法不一定要改变生活才能有创造性。对你来说，也许创造性思维就是帮助你的孩子应对数学考试，或者在形状不规则的卧室中更好地布置家具。早前，创造性思维对我来说，是想出新的节目点子，或者想办法帮助我的儿子在露营时交朋友。无论脑海中出现了什么点子，总比打《糖果传奇》[①]游戏又升一级更有用吧？至于出色，我们也并不打算达到史蒂芬·霍金级别的智慧，只是想达到我们最好的自我认知罢了。

“放空”七步计划

挑战一：记录自己的数字产品使用习惯

追踪你的数字产品使用习惯——而且很可能会因你的发现而震惊。

① 《糖果传奇》，即 *Candy Crush Saga*，是全球广受欢迎的微策略消除手游游戏作品。——编者注

挑战二：不要把手机放在视线内

行走时，手机不要放在你的视线内——拒绝边走边发短信。

挑战三：安排无照片日

不要给美食、小猫、孩子拍照。

挑战四：删除频繁使用的应用程序

删掉一个你认为没有它你就不能活了的 App（别担心，删掉了，你能活）。

挑战五：忙里偷闲

在办公室时也不要用手机。

挑战六：观察其他事物

重拾注意力的艺术。

挑战七：享受真正的无聊

以上所有练习结束后，利用无聊给你带来的新力量来理解你的生活并重新设立目标。

无聊

第一章

/

当我们谈论无聊时，我们谈论的是什么

我喜欢无聊的事儿。

——安迪 · 沃霍尔

青少年经常抱怨无聊；办公室的同事一天多次跑到星巴克打发无聊时光；年轻的父母因为每天晚上哄宝宝入睡感到无聊透顶。现在我们经常使用“无聊”这个词，令人难以置信的是，它第一次出现竟是在 1853 年查尔斯·狄更斯的小说《荒凉山庄》中。一些历史学家认为“无聊”是工业革命的产物（西方世界的人们变得不那么笃信宗教，有更多的空闲时间——包括感受无聊的时间），按常理推断，它自人类诞生以来就已经存在了。也许，只有生活在恐惧中的穴居人不会感到无聊。我的听众，来自圣公会路易斯安那州教区的执事迈克尔·G. 哈克特告诉我，无聊“自从沙漠教父[①]（desert fathers）出现以来一直存在，他们居住在洞

① 沙漠教父是指基督教沙漠僧侣（3 世纪起在埃及旷野苦修），又称旷野教父。——译者注

穴里像隐士一样生活，他们经常感到无聊”。

“无聊”这个词在工业革命之前的文稿中没有出现过，但这并不意味着那个时代的人们不会感到“无聊”，他们只是用不同的词语来描述这种感觉，例如，沮丧、生存危机、厌恶（这个词也是让－保罗·萨特在 1938 年出版的关于无聊哲学的小说的书名，是我高中时代最喜爱的书，虽然对我来说，并不明白它讲述了什么）。

随着神经科学时代的到来，人们才真正开始了解大脑，以一种令人兴奋和积极的新方式重新定义无聊。这也是我们要调查的主要内容。但是在深入了解这个晦涩难懂并充满魔力的当代概念之前，我们先回到过去探究一下。

/ 无聊简史 /

正如莎士比亚的诗句“玫瑰易名，芬芳如故”，无论用何种语言的词汇形容无聊，它的本质都是一样的。古往今来的语言学家、作家和思想家们，不管他们使用何种词汇，都志在努力提炼无聊的概念。我对无聊历史的认知来源于加拿大卡尔加里大学希腊和罗马研究院教授彼得·图希（Peter Toohey），他对这个话题很好奇，因为古代完全不存在这个话题。图希说：“它总是让我感到困惑，希腊人、罗马人以及同时代的文化从来不谈论无聊。他们认为这是微不足道的，几乎不值一提。”

图希将最初的好奇探索成果写成了一本书《无聊：一种情绪的危险与恩惠》（*Boredom：A Lively History*）。这本书试图通过抽象的例子和具体的例子找到古代文化中的无聊，前者如塞涅卡[①]定义无聊为厌恶和疾病，后者如在庞贝古城发现的拉丁文涂鸦，“墙！我想知道，当你承受篆刻者的无聊时，你为什么没有坍塌”。拉丁语“taedia”演变成基督教文化中的“acedia”——精神萎靡和烦躁不安的“正午魔鬼”，文艺复兴时期，它变成了一种罪过——抑郁症，后来才逐渐发展成法国人的倦怠感“ennui”这一概念。

德国哲学家叔本华将这种情感描述为“没有特定目标的平淡渴望”，而索伦·克尔凯郭尔[②]更喜欢“空闲”这个词而不是“无聊”这个词。他认为这是存在的一种中心状态，因为“凡是没有这种感觉的人，都表明他没有把自己提高到人类的水平”。

图希总结说：“有很多种方法可以表明你很无聊。”

---

① 塞涅卡（约公元前 4 年—公元 65 年），古罗马政治家、雄辩家，古罗马斯多葛派三大哲学家之一，也是高产的悲剧作家。——编者注

② 克尔凯郭尔（1813—1855 年），丹麦神秘主义哲学家、基督教思想家、现代存在主义哲学的先驱。——编者注

在当代思想家中，德国心理学家马丁·多勒曼（Martin Doehlemann）将“被当下绑住的无聊”与“存在的无聊”区分开来，这一观点被挪威哲学家拉斯·史文德森（Lars Svendsen）在他的巨著《无聊的哲学》中采用。对于这两位学者而言，被当下绑住的无聊描述的是短暂、不可避免和可预见的无聊，如长途旅行或乏味的晚宴谈话。这是可控的，因为你知道它终将结束。

另一种无聊是存在主义和精神领域的一种强烈的、无法减轻的空虚感、孤立感和疏离感。像是抑郁，但又不同。然而，图希解释了这种让灵魂破碎的无聊是如何被像海德格尔这样的哲学家接受的，他认为这是一个人深入了解世界并找到自己的位置所必经的过程。

我不知道这一点，但后一种无聊的剧烈不适感可以解释无聊目前的坏名声。当我第一次告诉朋友、家人和同事我打算重新研究无聊的计划时，他们觉得我疯了。正如我的朋友玛利亚·波波娃，一个非常有影响力的网站 Brainpickings（该网站从各种各样的主题和素材中集思广益）的创始人所言，“我们把无聊视为埃博拉病毒，必须根除它”。

即使是《写给自己》栏目的听众朋友们也会被这种想法影响。很多人写信给我说，为什么不把它叫作“白日梦”或者其他一些听起来更积极的东西呢？由于我坚持把无聊定义成这样，有些人似乎很生气。我试图解释，虽然这种迷失的感觉并不有趣，让我觉得很不舒服，甚至有点厌恶，就像图希说的那样。把这种厌恶的感觉和它可能产生的魔力割裂开，对我来说似乎是不诚实的。不，我想把“无聊”追溯到每一个令人困惑的方面……以及对它的容忍力。我认为克尔凯郭尔和海德格尔也会赞成。

/ 无聊的大脑 /

“每种情绪都有一个目的，这是进化的结果，”《无聊的意义》的作者、心理学家桑迪·曼恩博士（Dr. Sandi Mann）说，“我想知道为什么我们会有无聊这种看起来消极、无意义的情绪。”

曼恩博士就这样开始了她的人生使命：深入研究无聊并寻找应对无聊的方式。她在研究 20 世纪 90 年代职场情绪时发现，仅次于愤怒之后的第二个最常见的压抑情绪——你猜对了——就是无聊。“无聊受到了如此负面的报道，”她说，“几乎每件事都归咎于无聊。”

曼恩博士一头扎进无聊的研究后发现，它其实“非常有趣”，当然也不是毫无意义的。南安普敦大学维襄德·范·蒂尔伯格博士（Dr. Wijnand van Tilburg）解释了这种不安的感觉具有的重要进化功能：“无聊使人们热衷于从事他们认为比手头上的工作更有意义的活动。”

曼恩博士说：“想象一个我们不觉得无聊的世界。我们将对所有的事情兴奋不已——雨滴、早餐时的玉米片。”曼恩开始好奇无聊的进化目的，除了它对生存的贡献之外，是否还有其他的好处。“本能地，”她说，“我觉得我们都需要一点无聊的生活。”

曼恩博士设计了一个实验，给予一组参与者她能想到的最无聊的任务，手工抄录电话黄页上（你们有些人可能从来没有见过，可以用谷歌搜搜看）的电话号码。这个实验基于 1967 年美国心理学家、研究创造力的第一批研究人员之一吉尔福特（J. P. Guilford）开发的经典创造力测试。吉尔福特独创的“替代使用测试”让受试者用两分钟的时间，为他们的日用品如杯子、回形针或椅子提供尽可能多的用途。而在曼恩的实验中，她在创造力测试之前给予受试者 20 分钟的无意义任务：手工抄录电话黄页。之后，她要求实验对象想出两个纸杯（就是你在饮水机上看到的那种）尽可能多的用途。受试者为他们的杯子设计了温和的创意，比如花盆和沙盒玩具。

在下一个实验中，曼恩提高了无聊系数。这次不是在 20 分钟内抄写电话黄页里的电话号码，而是让这组受试者大声读出电话号码。虽然有少数人确实喜欢这个任务，但是绝大多数的人感到无聊透顶。从事诸如写作这样主动的工作，会比被动地做一些像阅读这样的事情，更难有时间来发呆、走神。结果，正如曼恩所猜测的那样，这一组受试者想到的纸杯的用途更加有创意：耳环、电话、各种乐器，甚至是麦当娜风格的文胸——曼恩最喜爱这个创意。这一组显然更有创意，没有将杯子作为容器。

曼恩通过这些实验证明了她的观点：那些无聊的人比不无聊的人更有创造力。

但是，当你感到无聊时，究竟发生了什么从而激发了你的想象力？“当我们感到无聊时，我们在周围的环境中找不到东西来刺激我们，”曼恩解释说，“所以我们可能通过思绪漫游、在脑海中神游到别的地方去寻找刺激。这样就能激发创造力，因为你一旦开始做白日梦，让自己的思想走神，就会进入潜意识阶段，这个过程允许不同的连接发生，简直太神奇了。”

无聊是通向走神的大门，可以帮助我们的大脑创建从规划晚餐到全球变暖研究突破点的新联系。研究人员直到最近才开始理解走神现象——当我们做一些无聊的事情或无所事事时，大脑所进行的活动。大部分有关白日梦神经科学的研究都是在近 10 年的时间内完成的。凭借现代脑成像技术，人们可以发现我们的大脑在做什么，不仅是在我们深入参与一项活动时，而且是在我们走神时。

/ 走神或默认模式 /

当我们有意识地做事——包括在电话簿中记下电话号码——时，我们就会使用大脑中名为“执行注意力网络”的部分，该部分控制和抑制我们的注意力。神经科学家马库斯·赖克勒（Marcus Raichle）说，“注意力网络使我们能够直接与我们周围的世界联系在一起”。相反，当我们的大脑走神时，我们激活了大脑中被称为“默认模式网络”的部分，这是由赖克勒发现的。“默认模式”，也是由赖克勒创造的一个术语，用来描述大脑在“休息”时的状态，也就是说，当我们不受外部目标导向影响，走神发呆时，不同于主流观点，我们的思想其实并没有停止。

“从科学的角度来说，白日梦是一个有趣的现象，因为它说明了人们主动以纯粹的方式创造思维的能力，而不是当对外界事件反应时，思想才会产生。”乔纳森·斯莫尔伍德（Jonathan Smallwood）说。20年前，在他开始脑神经科学的职业生涯时，他便着手研究大脑走神。（也许不是巧合，他完成博士学位的那一年正是“默认模式”被发现的同一年。）

斯莫尔伍德痴迷于走神的研究，他在推特上解释了为什么他研究的学科还处于起步阶段。他说：“由于认知科学的组织方式，走神在心理学和神经科学史上占据一个有趣的位置。”“大多数实验范例和理论都倾向于让我们向大脑或思想展示一些东西，看看会发生什么。”在过去大部分时间里，这个任务驱动的方法用来确定大脑是如何工作的，它已经产生了大量关于我们如何适应外部刺激的知识。斯莫尔伍德还说，“走神是特殊的，因为它不适用于这种现象”。

根据斯莫尔伍德的说法，我们正处于神经科学史上的一个关键时刻，因为随着脑成像和其他综合工具的出现，我们开始了解还没有研究过的大脑功能。这包括当我们不工作时，或者没有双关语时，我们的头脑中所经历的一切。

在斯莫尔伍德着手研究时，白日梦研究的本质已开始变得很明确了。对于我们来说，白日梦的间隔非常重要，以至于“它可能是将复杂的人类与相对简单的动物区别开的关键”。它涉及从创意到投射到未来的各种技能。

在这一领域还有许多有待研究的地方，但非常清晰的是，“默认模式”下的大脑并不是不活跃的。斯莫尔伍德使用功能性磁共振成像（fMRI）来探索，当测试对象躺在核磁共振检测机器中什么也不做，只是盯着固定图像时会发生什么样的大脑神经变化。

事实证明，在默认模式下，我们消耗的能量大约相当于大脑进行核心的集中思考时消耗能量的95%。尽管处于漫不经心的状态，我们的大脑仍然在做大量的工作。当斯莫尔伍德实验中的受试者躺在核磁共振检测机器中时，他们的大脑继续“展现出非常有组织的自发活动”。

他说：“我们不明白为什么会这样。当你什么也不做时，你的思想也不会停止。即使你没有做任何跟某想法有关的事情，你也会不断地产生想法。”

斯莫尔伍德及其团队成员试图把这种随性的自发思想和有组织的自发大脑活动的状态联系起来，因为他们认为这两种状态是“同一枚硬币的两面”。

默认模式网络所在的大脑区域是内侧颞叶、内侧前额皮质和后扣带回皮质，在大脑执行需要注意力的任务时这些区域被关闭。但它们在大脑执行自传记忆（我们生活经验的个人档案）、心智理论（本质上是我们感知别人想法的能力），以及自我参照加工（基本上是制造一种连贯的自我意识）任务时非常活跃。

当我们离开对外部世界的关注，而向内部世界转移时，我们并没有关闭我们的大脑。此时，我们正在搜索大量的记忆，想象未来的可能性，剖析我们与其他人的互动，并反思我们是谁。我们在等待世界上最长的红灯变绿灯时，感觉好像是在浪费时间，而事实上，大脑正洞察你内在的想法和事件。

这就是为什么走神或白日梦与其他形式的认知不同的核心。

我们不是从外部世界来看待事物，而是通过自己的认知系统来体验、组织和理解事物。这造就了在瞬间的热度之后会有更好的反思和理解的能力。斯莫尔伍德给出了争吵的例子：当发生争吵时，你很难客观地或者从对方的角度去看待事物。愤怒、肾上腺素上升、争吵，以及对方身体和情感的表现妨碍了你的思考。但是在淋浴或第二天开车时，当你的大脑回忆起这场争吵时，你的想法会变得微妙起来。你不仅会想到你应该说出的很多话，而且，或许，如果没有“与你争论的那个人的刺激”，你可能会获得另一个视角，并获得洞察力。用另一种不同的方式来对待人际互动，而不是你在现实世界中使用的那种方式，这是一种由走神激发出来的深刻的创造力。

斯莫尔伍德说：“白日梦对于像我们这样的物种来说尤为重要，社会交往在我们的生活中扮演了重要的角色，因为在日常生活中，最不可预测的事情就是遇到其他人。”我们的世界，如果分解开来理解，从红绿灯到杂货店的收银台，实际上都是由非常简单的规则来管理的。斯莫尔伍德说：“白日梦反映了对生活中复杂事物的理解，而这几乎总是与他人有关。”

> 什么都不做并不是所谓的默认模式。在我们清醒的 50% 的时间里，我们可能都在走神。

白日梦的真相

白日梦可以启迪我们的新见解，或者娱乐、激励我们。它们，就像做梦的人一样，是独一无二的。不过，研究人员还是发现了一些普遍规律。你越年轻，就越爱做白日梦，儿童和青少年的白日梦最多。随着年龄的增长，我们仍然会做有关未来的白日梦，但对目标和性的幻想却越来越少，也很少会有敌意或复仇的白日梦。明尼苏达大学心理学教授埃里克·克林格（Eric Klinger）将白日梦分成两个最常见的重复主题：盖世英雄和受难烈士。盖世英雄的白日梦涉及成功和权力，如签署一份唱片合同，打赢本垒打，或克服心理障碍如恐惧。受难烈士的白日梦则是一个人一开始没有被欣赏，但最终因其成就或功绩而被承认。报告证据显示，男性更多的是做盖世英雄的白日梦，女性更多的则是做受难烈士的白日梦。

/ 隔离的黑暗面 /

与斯莫尔伍德教授的交谈让我更加确信，通过查看电子邮件，更新推特，或频频翻开我们的口袋或包来看振动的手机以填补空闲时间是具有破坏性的。我明白了为什么让自己的思想“走神”是创造力和生产力的关键。

斯莫尔伍德说，“好吧，这的确是一个有争议的声明，我的意思是，那些心神一直在漫游的人不会完成任何事情”。

说得对。我不喜欢斯莫尔伍德试图让我放慢节奏，但是，真的，做白日梦并不总是被认为是好事。弗洛伊德认为做白日梦的人有神经病。20 世纪 60 年代，教师们警告说，做白日梦的学生易有心理健康问题的风险。

每个人做白日梦或走神的方式显然是不同的，并且白日梦或走神也不都是创造性的或积极的。心理学家杰罗姆·辛格（Jerome L. Singer）50 多年来一直致力于研究大脑走神，他在其重要著作《白日梦的内心世界》（*The Inner World of Daydreaming*）一书中，指出了三种不同的白日梦：

- 注意力不集中
- 内疚，焦虑
- 积极，建设性

是的，它们只是听起来像。注意力不集中的人往往焦虑不安，容易分心，甚至在做白日梦时也难以集中注意力。

烦躁时走神，我们的思绪就会飘到不毛之地。我们责备自己忘记了一个重要的生日，或者为没能想出一个巧妙的反驳而懊恼。内疚、焦虑和愤怒等情绪像洪水般包围着我们。对于我们一些人来说，很容易陷入这种负面思考的循环中。毫不奇怪，这种类型的走神在生活不幸福的人身上出现得更加频繁。当焦虑性走神成为惯性时，它可能导致人们做出破坏性的行为，如赌博成瘾、吸毒和饮食失调①。

然而，问题在于，走神是否在长期不快乐的人身上更为常见，而且它是否会增加这种不快乐感呢？哈佛大学心理学家马修·奇林斯沃斯（Matthew Killingsworth）和丹尼尔·吉尔伯特（Daniel Gilbert）在2010年的一项名为“走神的心不开心”的研究中开发了一个iPhone应用程序，对5 000名参试者进行随机问卷调查，以了解一天内各个时段他们的思想、情绪以及行为。当参试者的手机随机发出响声时，它会弹出一系列问题，比如参试者的快乐度、正在做的事情、正在思考的问题等。奇林斯沃斯和吉尔伯特从调查结果中发现，“人们思考未发生的事情就像思考正在发生的事情一样频繁”，而且“这样做通常会让他们不开心”。

就像你在每一堂瑜伽课上听到的一样——幸福的关键在于当

① 饮食失调为一种特殊的心理疾病，包括厌食症和贪食症。——译者注

下。真相是什么？走神到底是具有创造性的，还是自掘坟墓？目前看起来，白日梦和生活中的其他事情一样，是复杂的。

斯莫尔伍德研究了情绪与走神两者间的关系，他发现“与当前环境无关的思想的产生可能既是不快乐的原因也是不快乐的结果”。天！

2013 年，由弗洛伦斯 · J. M. 鲁比（Florence J. M. Ruby）、哈肯 · 恩根（Haakon Eugen）和塔尼亚 · 辛格（Tania Singer）共同完成的一项研究表明，并非所有的自发思想或走神都是一样的。这项研究从大约 100 名参与者那里搜集了数据，这些数据考虑到他们的想法是否与任务相关，是否关注过去或未来，是否关注自己或他人，是否积极或消极。研究结果表明：在抑郁人群中，自然而然出现的想法往往产生负面情绪，或者是由负面情绪所致。“与过去有关的想法很可能与情绪低落有关”，但是，仍有希望的是，他们还发现，“对比而言，与将来或自身有关的一些想法往往先出现，然后情绪得到改善，即使当下所思所想是负面的”。

“白日梦的有些方面可以让我们思考原本的生活，”斯莫尔伍德告诉我，“但在某些情况下，持续思考某件事情可能不是正确的做法。许多长期不快乐的状态可能与白日梦有关，仅仅因为存在无法解决的问题。”

走神与我们的智能手机并无不同，通过手机，你可以轻松拥有太多好东西。斯莫尔伍德认为，我们不应该用“好”或“坏”的价值判断，而应该用我们如何使用它们来评判手机技术或我们的大脑。“智能手机能使各种令人惊叹的事情成真，比如与远方的人通话，但我们可能会过于依赖它们，”他说，“但这不是智能手机的错。”做白日梦让我们以不同的方式思考事情，好的，坏的，或者只是不同的而已。

关于走神令人费解的事实

- 当有些人做白日梦时，他们会考虑未来，而且往往是长远的未来。欧洲、美国、中国和日本对此都有被称为“未来的偏见”的记载。
- 畅想未来的人更容易延迟满足感，并且更能集中注意力。
- 尽管如此，走神得分时间和场合。开车时走神有可能导致交通事故。

（斯莫尔伍德小贴士：“当你操作重型机械时最好少做白日梦。”）

当我们走神到出现想象力时，消极白日梦就转向了积极建设性的白日梦。令人兴奋的是，我们的大脑变幻莫测，就像魔法一样。这种走神模式反映了我们探索想法和感受、制订计划、解决问题的内在动力。

那么如何才能拥有健康的走神呢？假设你和你的同事白天发生争执，当天晚上，在做沙拉时，你会在脑海里一遍又一遍地重现当时的场景。当你自责你的同事指责你在最近的一个项目中没有起到作用，而你当时没有想到更机智的反驳言辞时，愤怒的浪潮会再次涌上你的心头。但是，积极的建设性的走神，会让你忘记过去，并想办法让你的同事知道你为这些项目所做的一切工作……也许你会下定决心加入另一个团队，不想计较是因为生命太短暂。

“改变你的想法，说起来容易做起来却难，”斯莫尔伍德说，“白日梦不同于许多其他形式的分心，因为当你的思绪漫步到某个话题时，它会告诉你，你的生活在哪里，你对它的感觉如何。问题是，当人们的生活不太顺利时，白日做梦可能会比他们的生活变得美好时令人感到更困难。不管怎样，重点是它确实让我们更好地认识了自己。”

作为一个新妈妈，我的日常时间基本都在推闹腾的宝宝坐的婴儿车中度过，因为任何其他方式他都不会入睡，我希望自己能有更多创造力或者能接触到社会其他领域正在发生的事情，实际上无聊、乏味的不断重复推动婴儿车这个动作令人难以置信地有用。因为不知不觉中我的心灵有了比以往任何时候都要多的空间和时间去旅行。我不仅挖掘了过去的经验，而且还为自己想象、设计未来，做自传的规划。斯莫尔伍德等人的研究表明，虽然反复思考痛苦的经历或沉湎于过去绝对是白日梦的副产品，但当自我反思时，大多数人倾向于“未来的偏见”。这种思考能够帮助我们提出新的解决方案，比如，就我而言，带来了全新的职业生涯。当我们陷入专业、个人或其他方面的问题时，做白日梦有助于我们提出解决方案。无聊是启动这个过程的最佳催化剂之一。

/ 无聊且出色 /

乍看之下，无聊和出色完全水火不容。无聊，如果仅仅定义为由于缺乏兴趣而感到疲倦和不安的状态，那么绝对有消极的含义，应该不惜一切代价加以避免。而出色则是我们所渴望的，它是指惊人的成功和非凡的心智能力。天才、智慧、才能、天赋与倦怠、沉闷、低迷的对比并不显而易见，这两种对立的状态实际上是密切相关的。

美国路易斯维尔大学哲学系的研究员、自称是无聊辩护者的安德烈亚斯·埃尔皮多（Andreas Elpidorou）解释说：“当前目标令你不满意时，无聊就会激励你追求新的更有吸引力或者对你有意义的目标。”2014 年他的学术文章《无聊的光明》一文指出，无聊“是人们目标任务的监管者”。在没有无聊的情况下，人们会困在令人不满足的境地中，而错过许多情感上、认知上和社会上有益的经历。无聊既是对我们不想做自己想做的事的警告，也是促使我们改变目标和规划的“推动力”。

你可以将无聊视作培养出色的实验室。在这里，无聊必须花费一段时间，然后才能得出成功的公式或配方。这一点令人感觉混乱、不舒服、困惑。这个论述被重复了很多次。《霍比特人》是牛津大学教授 J. R. R. 托尔金“在暑假拿到了一大堆考卷，并批改这些试卷时构思出来的。这个工作不仅辛苦，不幸的是，还非常无聊”。当看到一页空白试卷时，他乐不可支。托尔金在 1968 年接受英国广播公司采访时说：“太棒了！没有什么可读的，于是我开始在上面写‘在地底的洞府中住着一个霍比特人’，我也不知道为什么有此举。”于是，最受欢迎的奇幻小说的开场白诞生了。史蒂夫·乔布斯以他广受欢迎的科技愿景改变了世界，他有句名言：“我是一个无聊的大信徒……使用科技产品是美好的，但无事可做也同样美妙。”知名记者史蒂芬·列维在《连线》杂志刊登了一篇介绍乔布斯的文章。在这篇文章里，乔布斯对自己创造的苹果产品侵蚀了人们的无聊感表示担忧。他怀念自己年轻时漫长而乏味的夏天，他认为正是这种无聊情绪激发了他的好奇心，而“好奇心造就了一切”。

当无聊成为出色时，史蒂夫·乔布斯变成了商业奇才。所以让我们接受他的建议，接受无聊吧。让你对无聊背后的科学和历史的了解激励你把它拾回你的生活中。一开始，你可能会感到不舒服，恼怒甚至是愤怒，但一旦你经历了无聊的第一个阶段，并开始触发一些惊人的“副作用”时，谁知道你能成就些什么呢？

什么是无聊？

无聊是必要的

我们需要拾起这个词。无聊已被劫持，并与平庸相提并论。父母们喜欢说，“只有无聊的人才会觉得无聊”。但事实并非如此，当你觉得无聊时，实际上你正打开了滋养、培育和培养你思想的大门。你的大脑需要无聊来做一些最重要的工作。

无聊是一种精神状态

用科学术语来说，当你无聊时，你在激活大脑中一个叫“默认模式”的神经网络。有些科学家甚至把它称为想象网络，因为我们最独创的想法可能在那里形成。古往今来，各种艺术家、建设者和思想家都在从事着杰罗姆·辛格所称的“积极且有建设性的白日梦”，以开辟新的方式来看待周围的世界。

无聊是有创造力的

我们觉得无聊是浪费时间，但无聊可能会激发你制定目标、策略和必要的自我规划。因此，虽然一开始可能感觉不到无聊的创造力，但它却帮助我们在存在的每一个层面上找到意义。

无聊为你敲响了警钟

雪莉·特克尔对此说得很好："无聊正在告诉你，是时候开启你的想象力、你的创造力、你的个性了。无聊告诉你要关注世界。”无聊正告诉你，是时候放下手机，抬头看看身边的广阔世界啦！

什么是出色？

出色是谦虚的

出色不一定是指你要取得像在量子动力学里获得诺贝尔奖那样的成果或者取得像文艺复兴时期的绘画一样的成就。出色可以是找到帮助你的孩子在学校交朋友的好方法，或者是发现工作中让你快乐的方面。虽然出色可能是小而简单的，但并不意味着它没有强大的力量。

出色是颠覆性的

任何人把复杂的乐高拼装在一起都需要智慧。但要建造一个由数千个乐高积木组成的错综复杂且独一无二的结构，则需要非常规的思维。出色闪烁着光芒，充满活力，它甚至有点顽皮。你可能需要把这些灵光乍现的见解和灵感留给自己，因为它们可能并不适合社交。作为我最喜欢的作家之一，沃尔特·肯（Walter Kirn）向我解释说："如果你没有什么可隐瞒的，那么你就没什么事情可做。"没有一个丰富多彩的内心，思想只会平淡，毫不起眼，丝毫不出色。

出色是可预见的

当我们最不期待时，想法似乎会迸发出来，比如遛狗或者刷牙时。这是工作中的默认模式：当我们的身体处于休息状态，或做一项无意义的任务时，我们的大脑最忙碌。通过培养我们无聊的能力，而不是试图逃避，我们可以给予出色更多闪光的机会。

出色是缓慢的

把不同的想法融合成一个全新的观点需要时间、孤独和对单调的容忍。然而，在工作场所，在家里，甚至在我们的头脑中，我们很少给自己提供这些条件。我们总是急于完成任务并完成更多的任务（有时是同时），实际上，我们想出新颖、真正有持久影响力的解决方案就更少了。

出色有时是非常平凡的

毫无疑问，更好、更快、更安全地做事就是出色。八家医院的手术小组采用了一种简单的术前检查清单，将死亡率降低了40%。在家务方面，将各种类型的餐具分门别类地装入洗碗机清洗，取出时速度更快，生活变得更容易。创意很重要，有时一个小小的调整就能带来很大的变化。

过载

第二章

/

数字过载

它并没有让我感觉良好，反而让我感觉糟糕。所以我退出了。

——路易斯（C.K.Louis）退出推特的原因

为了探索无聊，我做的第一件事，就是在曼哈顿街角待上一个早晨。在纽约，人们似乎从来都不会很无聊，但我想统计有多少人确信自己真的不会感到无聊。换句话说，我想知道，在这个世界上最伟大的城市里，有多少人没有某种电子设备的帮助就不能走在大街上。

在我非常不科学的研究中，从我面前经过的 1 000 人当中，有 315 人在打字，看手机，听手机，或只是拿着他们的手机。(只要把手机放在手边就使你与周围环境接触更少。如果你的手机在你的视线内，那你就不可能完全忘记它。而且，你有没有试过不去看一个在你手里嗡嗡作响的物体？）我的小样本显示，当天所有行人的 1/3 在使用手机。纽约雷曼学院在 2015 年进行的一项更为正式的研究发现，曼哈顿五个繁忙的十字路口的行人差不多有一半在看手机之类的电子设备，以致在过马路时闯红灯。边走边发短信是危险的，但即使是行走在纽约这样繁忙的大都市也无法引起我们的警惕，我们对手机一定是真爱！

小小的手机对我们有如此强大的控制力，有些人几乎放不下它。多亏了手机，我们现在已经拥有了无限诱人、容易获取、常常免费的娱乐，以及其他不计其数的工具，让我们在做任何事情上都能变得更好更快。毫不夸张地说，电子设备几乎改变了我们的每一分钟。尽管科技已经使10年前无法想象的事情变得可能，却也产生了一些意想不到的结果，既有积极的一面，也有消极的一面。

我有一个很聪慧的同事，她总是对节目和编辑有最好的想法，但当我们的音频工程师调音时，她总是忍不住去刷自己的照片墙（Instagram）。即使我们回放录音剪辑时，她也忍不住去刷。我问她："杰，你觉得怎样？这个剪辑对你有用吗？"

"啊，对不起！你能再放一次吗？"她回答。

我们都有这样的经历：工作会议没有活力，参会者不专心；和朋友们一起吃午餐时，又在网上与别的朋友聊天。时间被蚕食了。这并不是说和照片墙上的朋友聊天不好玩、不重要，但做这些事情可能会对你当下的生活不利。为什么不能通过同时占用这两个领域来享受或提高虚拟和物理现实的生产力呢？当两项活动都没有时间发展成一种真正的体验时，这就像是吃一种长时间的精神零食，在一天结束时，你甚至没觉得吃饱，而只感到腹胀。

我绝不是唯一一个发现技术侵入性的人。当我们做“放空”挑战时，很多《写给自己》的听众描述了他们对电子产品的自我控制问题，比如埃里克，一位有推特上瘾问题的高中老师。“在教室里，我用手机作为计时器，或者查找我的学生们想知道的东西，”他说，“但那时，我也发现自己想要发推特。”

作为一名新老师，埃里克一整天都被周围的许多新经历和想法激励。在他看来，科技在课堂上是一种既简单又方便的工具，但他也难以摆脱它的无限诱惑。由于无法控制自己在错误的时间和地点访问网页，他在兴奋之余，最终感到心烦意乱。“晚上，当我回家时，我想写，我想思考，”当他试图将年轻人的热情投入更有成效的事情时，他说，“但我不能，也做不到，我被手机吸引了。”埃里克希望“放空”项目能激发他的大脑。

数字过载的注意事项

以下是参与了“放空”挑战活动的人的一些想法和思考：

移动技术使得人们随时随地能与任何人联系，它已经实现了这个承诺的十倍，我们现在被无数的数字小玩意吸引，这些小玩意吸引着我们连续数小时滑动和点击手机。我的手机应该能增强我对周围世界的体验，而不是成为我周围的世界，太多的想法被免费增值模式颠覆，是时候重新调整这种关系，实现一种新的、更有效的共生关系了。

——芭芭拉

我最近一直觉得我的 iPad（苹果的平板电脑）太令人上瘾了，我一直提醒自己说，生命短暂，我知道我必将对沉迷于 iPad 的日子感到后悔。

——索菲亚

我希望能够坐下来阅读，不要每隔五分钟就去检查《部落战争》这个游戏；或者在观看一个小时的戏剧时，不要错过我真正欣赏的所有细节，因为我只花了 30% 的注意力在上面。

——利亚姆

是什么让这一切发生？“世界比 40 年前更容易让人上瘾。”著名程序员、投资者、技术思想家保罗·格雷厄姆（Paul Graham）写道。这位 Y 孵化器［一家为云存储（Dropbox）、爱彼迎（Airbnb）和红迪网（Reddit）等上千家初创企业提供资金的科技孵化器］的创始人并不是唯一提出此问题的人。戈尔登·克里希那（Golden Krishna）是一名用户体验专家，目前在谷歌设计策略部门工作，在我们的一次谈话中他一针见血地指出，只有毒贩和技术专家才会把自己的客户叫作“用户”。

不需要科学来证明，那些观察过自己行为的人都清楚地知道科技正在改变自己，但无论如何，还是让我们用科学来验证。多巴胺是一种神经传导物质，它记录我们大脑中的某些体验，通常为愉悦的体验，并促使我们重复这些体验。它不仅在性和毒品方面发挥着作用，而且在我们使用智能手机时也发挥着作用。

想象力研究所（一家致力于倡导“社会各阶层”想象力的非营利组织）的科技总监斯科特·巴里·考夫曼（Scott Barry Kaufman）给了我关于多巴胺的直接情报。他说：“关于多巴胺与我们的快乐或愉悦感有关的看法，是一种误解……多巴胺只是一种有助于实现我们预期的成分。”多巴胺的含量越高，人就越容易接受新事物和追求新奇。新事物可能是关于晚餐或新书的惊人想法……或者只是在脸书上得到点赞，或者收到评论。当我们允许时，数字设备可以很好地激活和劫持多巴胺系统。

考夫曼解释说：“研究表明，伟大的艺术家、科学家和其他类型的创作者拥有丰富的多巴胺，这使得他们能够处理新奇事物。”换句话说，他们会特别有动力去寻找新东西，然后把这种新奇的东西转化为创造性的东西。考夫曼称多巴胺为“发明之母”，并解释说，因为我们拥有的多巴胺数量有限，我们必须明智地选择把它花在“增加我们具有创造意义的好奇心和激情上，以及艺术等新事物上，或者花在推特上”。

听到他这样说，我几乎要立即停用我的推特了。

保持外界信息持续通畅地流入，这是我们许多人期望甚至必要的。玛丽·海伦博士（Dr. Mary Helen）说，这种技术的使用正是“习惯”，确切地说是行为科学意义上的“习惯”形成的方式。

她说：“这是我们通过习惯练习来教自己而产生的对特定内容、特定上下文的反射。”和许多习惯一样，一旦形成，即使我们想要改变，也会是一种挣扎。只要电话轻轻一响，就能打断一个潜在的、创造性的、富有成效和内在专注的状态，不管我们是专注于做手工，听美妙的音乐，还是正为雄伟壮丽的风景所震撼。玛丽·海伦博士说：“我们就像是实验室里的老鼠，条件反射地、超过所需地、频繁地查看手机。”

我们的大脑已经被训练为对色拉布[①]平台上瘾。其实，如果我们想，也可以戒掉它。玛丽·海伦博士说：“我们必须谨慎地后退一步，说，等一下，我不需要更多的信息来解释我所做

① 色拉布即Snapchat，是一款“阅后即焚”照片分享应用。——编者注

的一切。让我停下来想想吧。”但是她承认，她也很难做到。因为“这种技术阴险地占据了你的精神空间”，退后或者退出都很困难。

玛丽·海伦博士说：“社会不支持我们撤退。”但她认为我们正处于关键时刻，越来越多的人开始意识到他们需要在数字生活中发挥积极的自律作用。现在，感谢吸引眼球花费数小时的商业模式，技术人员希望你再也不要离开屏幕。鉴于此，自律是对努力吸引我们注意力的产品的强烈抵制。这是我从成千上万的《写给自己》听众那里听到的，他们开始接受“放空”的挑战。他们不仅认同应该收回空间去思考，而不总是停留于各种形式的娱乐，还想尽快行动。这种迫切需要来自这样一个事实：我们无意识地使用设备的时间越长，它们对我们的控制就越强。这种影响是累积的。

不是每个人都相信信息时代将会影响人类大脑的运转以及我们适应周围科技世界的环境。所有这些技术都如此新颖，它们的长期影响还只处于理论研究阶段，并且出现了分歧，有些人认为网络成瘾是一个“事件”，而且正在发展为一个严重的社会问题，而另一些人则认为，这些警告只是人类对任何技术进步的长期恐惧中最新的一个。

2015 年皮尤研究中心发布了一项关于压力和技术之间关系

的研究，其中，来自评论家的观点认为：“这些技术接管了人们的生活，制造了时间压力，使人们的身心健康受到负面影响。”这项研究进行了一项针对 1 801 名参与者的调查，询问他们使用社交媒体、手机和互联网时，压力是否会更大。该调查发现，“总的来说，频繁使用互联网和社交媒体的人压力不会更大”。这项研究发现，只有“在某些情况下，数字技术的社会应用增加了人们对他人生活中压力事件的意识”时，科技与压力之间才存在联系。因此，数字技术使用的任何负面影响与频率或数量无关，而与内容的性质有关——这和你在看完地方电视新闻后可能产生的糟糕感觉没什么不同。

该研究的作者之一基思·汉普顿（Keith Hampton）是罗格斯大学传播与信息学院教授，他的研究重点是新信息与通信技术、社交网络、民主参与度和城市环境之间的关系。他认为，我们对社交媒体、数字产品和游戏的担忧，就像前几代人对收音机、电视或汽车的推出感到焦虑一样。

汉普顿说：“几个世纪以来，我们一直对新技术产生道德上的恐慌。早在 14 世纪，伊斯兰学者就开始谈论信息超载，并且留下了大量的相关书籍。100 年前，我们担心男人在餐桌上阅读报纸，而不花时间陪他们的妻子和孩子。我不认为这种状况目前有多大的改观。一种新技术，会带来一种新的道德恐慌。”

可以把这个研究告诉卡南·卢卡斯（Cynan Clucas），一位拥有四个孩子的英国父亲、数字产品营销主管，他把他成年时才发作的ADHD（注意缺陷多动障碍）归咎于他一直使用的让他变得更聪明的数字技术。

/ 技术导致多动症吗？以卡南·卢卡斯为例 /

卡南的大脑问题始于三年前，那时，他开始注意到他处理问题的能力显著下降。他表示："我的工作表现及记忆出现了偏差，我在调整日程以及应付即将到来的一切的能力上也出现了偏差。"这些还不是他的大脑出现的唯一麻烦。

卡南14年前成立了一家公司，在公司里他有一间开放式的办公室，过去他曾为保持办公桌的整洁而感到自豪，所有的东西都排列整齐。现在它成了卡南混乱头脑的讽刺。他说："我甚至无法描述现在办公室有多么混乱。成堆的文件包围着27英寸[①]的iMac（苹果公司的一款电脑）、键盘和几个杯子。老实说，这个混乱场面就是我心理体验的一面镜子。"

去年，几个骨干员工相继离开公司（因为搬迁和职业发展等原因），他们的离职凸显了他们以前是如何收拾卡南周围的烂摊

① 1英寸≈2.54厘米。——编者注

子，如何处理他制造的混乱局面的。接替他们的人无法以同样的方式支持卡南，因此项目变得杂乱无章，客户变得不满意，他的员工变得越来越沮丧。由于担心自己混乱的精神状态开始影响公司的经营，卡南去看了医生。虽然他刚 40 出头，但他担心他可能会患早发性痴呆症。他了解到一些与他年龄相仿的病人，他们的症状与他相似。

医生给他做了一系列检查——老年痴呆症、血液、甲状腺——都没问题。医生的最终诊断让卡南震惊："你是我诊断过的成年人里 ADHD 症状最明显的。"

注意缺陷多动障碍（多动症）？在卡南的眼里，那是儿童才会得的病，尤其是美国儿童。6% 的美国儿童被诊断患有这种疾病，而英国儿童的这一比例为 1.5%。这导致许多英国人质疑这是否真的是一种病。在这个怀疑的阵营中，卡南坚信 ADHD 不是真实存在的，他认为"可能是医药公司设计出来的"。

卡南回顾自己的童年，他总有很多独立的想法、项目和计划，这使他始终很忙。也许这可以解释为纷乱思绪的证据，但他的这个性格从来没有影响他在学校的成绩或者后来的事业……至少直到最近三年左右。那么是什么改变了？

在反思了分心问题开始以来他生活中发生的变化之后，他把注意力集中在了一个主要问题上：技术。卡南的大部分工作是跟踪最新的电子设备、应用程序和在线平台，然后教他的客户如何使用它们以吸引顾客。他说："作为一个企业，我们非常重视学习和适应随之而来的所有创新技术。"

然而，他越思考这个问题，越意识到，当他使用这些新的技术形式时，他也放弃了对它们的精神责任。基本上，他已经把自己的大脑慢慢地外包给了应用程序、在线日程表、跟踪系统和社交媒体，把大脑做的所有工作都外包了出去，这样，他的大脑也习惯于不工作了。讽刺的是，使用这些应用程序来存储和管理日常信息，比如记电话号码和管理密码，本应该给他腾出更多的时间和空间来解决问题，做高层次的思考。不过，他说："我们以为科技可以解决问题。但事实并非如此，因为你外包的东西越多，你的大脑就越不需要参与。"

卡南的医生告诉他，没有成年期多动症这种病，他一定在童年时就得了多动症。也没有证据表明电子产品是导致他得多动症的直接原因。目前还没有足够长的时间来进行关于电子产品如何影响大脑的确凿研究，并且很难找到一个不使用互联网的人群对照组与使用互联网的人群对照组（如果不搜索谷歌，这些人就不知道如何更换灯泡，电压是多少，是否对环境有利，是否值得买智能灯泡等）进行比较。所以清楚的一点是，没有任何科学证据表明科技或互联网可能会导致人们得多动症。但是科技的进步和变化如此之快，我们不能总是等待同行评议的双盲试验[①]结论，再开始关注自己的行为问题。

根据芝加哥艺术学院临床主任兼ADHD评估专家迈克尔·皮特鲁斯（Michael Pietrus）的说法，这些技术的确影响着我们的工作记忆和处理信息的能力。“技术和社交媒体可能会削弱大脑功能，使得出现的症状看起来与多动症非常相似，或者加剧人们潜在的注意力问题。”皮特鲁斯说。目前被诊断患有多动症的人数约为人口的11%。大学生中符合多动症诊断标准的比例可能高达18%~20%。过去10年来，儿童、青少年和年轻人被诊断为多动症的人数急剧增加（每年约3%~5%）。皮特鲁斯说：“它正在成为大学校园中增长最为迅速的人群。”

皮特鲁斯解释说，多动症是一种“排除性诊断”，意思是在评估某人的疾病时，你首先要排除所有其他导致注意力不集中的原因，比如缺乏睡眠、药物滥用、焦虑、抑郁或者在脸书上花太多时间。“最近，我正在对大学生进行多动症评估，我问他们：‘你们在互联网上花了多少时间？’”他说，“他们往往会看我一

① 双盲试验是盲试验的一种。盲试验是指在医学研究中，试验者或受试者并不知道受试者被安置的组别。若仅试验者知道受试者的所在组别，则称为单盲试验；若试验者和受试者均不知道，则称为双盲试验；若连分析者也不知道，则为三盲试验。——编者注

眼，说：‘我不知道怎么计算。我何时不在网上？’”

当然，在互联网发明之前，学生们正在为拖延、次序、组织、时间管理等问题而苦苦挣扎。这只是年轻人经历的一个典型阶段。但数字媒体对那些有分心倾向的人提出了特别的挑战。

“人们感觉刷脸书才五到十分钟。抬起头却发现，两个小时已经过去了。”皮特鲁斯说，“在这样的网站上，快速、重复和激烈的互动使我们忘却了时空。”

心理学家进一步解释说，受社交媒体影响的大脑区域是前额皮质，在这个区域主要是执行功能起作用。他说：“执行功能就像大脑的管弦乐队指挥。当我们获得持续的奖励时，无论是读一个故事，还是看一张图片，或者是玩电玩之类的游戏，它都会影响执行功能的有效发挥，以及管理我们经验的能力。”

找到难以专注的根本原因很重要，因为只有找到原因，才能对症下药，比如对由于睡眠不足、营养不良、过度使用科技、其他心理健康问题或真正的多动症（最后一种可用中枢神经兴奋剂药物治疗）导致的症状的治疗是不同的。不应直接告诉这些大学生，“吃这个药吧，它可以帮助你集中注意力”。皮特鲁斯认为，在大背景下看待病人的问题比只治疗他们的症状更有益，“临床上，我指的是意向性，既要意识到他们在做什么，他们如何安排时间及行为，又要关注他们在线上和线下所做事情的后果”。

迈克尔·皮特鲁斯通过他的学生们获得了技术效应的第一手资料，并且对他的学生们所使用的数字媒体的实际运作有了更深入的了解，但他也因此发生了转变。皮特鲁斯很清楚技术分散注意力的力量，因为他娶了一位社会策略家。没错，他妻子的工作就是为广告客户选择社交和数字媒体的方式来吸引消费者。这可能是有史以来最互补的一对？利兹·皮特鲁斯（Lizz Pietrus）从事的是数字营销和吸引消费者注意力的业务，她认为，“每天通过社交平台传播的海量信息，使得这项工作变得越来越难做了”。信息的传递方式是不断变化的，但最重要的转折点是2013年美国职业橄榄球大联盟年度冠军赛（Super Bowl，又称超级碗）比赛期间奥利奥公司的广告推文。当时赛场停电超过了半小时，由15人组成的奥利奥社交媒体团队在推特上发布了一则广告，利用观众即时分享的体验赚钱。这个广告的文案是：“断电？没有问题，你仍然可以在黑暗中泡一泡（再吃）。”再配上一个孤独的奥利奥饼干的图片。这个广告，在脸书上获得了1.5万次转发和两万次点赞。这使得博客Tumblr[①]上的“掘客”（Digg）[②]宣称：

① Tumblr是一款国外轻博客，内容丰富，在国内也比较流行。——译者注

② 掘客（Digg）是Web2.0概念之一，与博客和播客一样，其核心思想都是发挥用户参与网站内容制造。简单来说掘客就是挖掘信息的意思，掘客网站提供给网民筛选推荐新闻的机会，由网民民主投票来决定网站首页应该显示哪些新闻。——译者注

“奥利奥赢了超级碗大停电。”

利兹说：“它推出了实时营销的概念，在这个概念下，品牌可以创造出与当下有关的有趣内容。”奥利奥公司的社交媒体方法几乎在瞬间被复制和编纂。“这些品牌在世界各地，主要是社交平台上，投放了大量的内容。我们没有意识到的是，从商业角度看，这是否有用。”我们真的会购买更多的奥利奥饼干吗？也许我们只是更关注那些让我们获得服务刺激的巧妙和不断变化的方式。利兹现在建议她的客户对他们在社交媒体上发布的内容进行思考，“对于我们有限的短期记忆来说，要记住信息变得越来越难，因为像我这样的人会给人们带来很多信息”。

不过，据她的丈夫皮特鲁斯说，利兹是少数人。他认为很少有品牌或数字平台的经营者会表现出克制，相反，他们在打磨自己的宣传策略，“非常有效地将人们拉入这些行为循环”。

皮特鲁斯说：“上网可以像吸毒一样，赌博、购物和色情内容都被整合到一起。虽然它还没有出现在 DSM–5[①] 中，但很明显，网络使用和上瘾是需要引起人们注意的问题……我们必须更有效地控制它们。”

皮特鲁斯认为自己受到那些聪明、有才华的人的影响，这类

① DSM–5 即《美国精神疾病诊断与统计手册第五版》。——译者注

人的工作就是夜以继日地创造出前所未有的、引人入胜的技术形式，以获得我们的关注。他甚至承认他经常在浏览器上同时打开10~20个标签，因为“我觉得有很多东西需要读、看、听”。皮特鲁斯也在努力抵制让他分心的东西，在我们谈话的前几个星期，他停用了他的脸书账户，但时间并不长。

他说：“这取决于我们如何以及在何处分享我们的注意力。通过对神经可塑性的研究，大脑会根据我们的行为做出反应，我们知道这就是力量。”

人们觉得无法集中注意力，但企业家们需要抓住消费者的眼球来驱动资本前行的车轮。这种紧张局势是当前冲突的核心。数字营销主管卡南·卢卡斯在早期最为戏剧化地体现了这一冲突的特征。卡南被诊断出患有多动症，而他的生计建立在帮助其他公司使用高科技的基础上，而正是这些科技给他的精神造成了伤害。他说：“这令人烦恼。但我需要工作来养家，还要支付员工工资，这样他们才能还房贷。我不奢望能开启一个负责任的创意技术的新动向，或者令数字创意机构重视这个领域，让我们慢下来。但如果有这个需求的话，我愿意朝这个方向努力。”

我们为避免无聊而做的令人震惊的事情

弗吉尼亚大学心理学家蒂姆·威尔逊（Tim Wilson）和哈佛大学丹尼尔·吉尔伯特领导的一个研究小组对55名本科生进行了一系列实验，想发现人们什么都不做时会有多么不舒服。

开始，每个大学生都独自走进一个没有窗户的“简陋”房间，为减少视觉刺激，里面只有简单家具。进入房间后，这些大学生就会接受不同的刺激，如音乐和图片，以及轻微的电击。然后研究人员问他们是否愿意付钱，以避免再次受到电击，毫不奇怪，其中大部分人——实际上55个学生中有42个——表示愿意为了避免电击而付钱。

然后，每个学生都被要求在接下来的15分钟里独自“思考”，或者，作为替代，他们可以按一个按钮，让自己听音乐，看图片，并受到轻微电击。

他们这样做了吗？是的，即使是那些愿意付钱以避免再次被电击的人也会按下这个按钮。威尔逊和吉尔伯特的实验结果，发表在2014年7月的《科学》杂志上。这些实验结果显示，1/3的男性和1/4的女性对无聊感到非常痛苦，他们宁愿采取任何可能的分散注意力的方式——即使是被电击。一个参与者竟然按了190次电击按钮！

/ 囫囵吞枣式的阅读 /

卡南说："作为从事创意科技的人，我们来谈论这些干扰的价值。我们在会议上反复听到人们谈论，干扰是如何使你成为伟大的创新者，以及如何使你获得规模和资金的。我认为，干扰已经显著地改变了我的大脑的神经可塑性与其工作方式。我甚至不能坐下来阅读一页纸，因为我的大脑不能够长时间地集中精力来记住从页面顶部到底部的内容。"

我们正在经受这些新的数字平台上以不同方式传播的消费信息的影响，这些方式包括从消磨时间到失眠。互联网如何欺凌另一项虽然也是相当古老的技术创新——传统出版业？我想我的《写给自己》栏目的大多数听众也脱不了干系。

几十个人写信给我说，他们已经不能完整地读完一本小说甚至一篇杂志文章了。有一位听众凯瑟琳抱怨说，她坐下来阅读不超过 15 分钟，就想要跳起来看手机。

《华盛顿邮报》的作家迈克·罗森沃尔德（Mike Rosenwald）也同样受这个问题的困扰，他以读书、思考和写作为生。

迈克惊恐地回忆起一个晚上，他在读洛丽·摩尔（Lorrie Moore）的新短篇小说集时，发现自己的眼睛在页面上跳来跳去，就像在浏览推特或脸书。他无法集中精力。尽管迈克想要好好沉浸其中，但他仍然只能略读。由于深受不能集中精读的困扰，迈克以记者的视角，采访了他的一些朋友，做了一个非正式的民意调查，调查他们在阅读时是否也很难集中注意力。“他们会说，‘哦，我的上帝，这完全是我的生活’。”迈克说。

迈克开始调查原因，直到最近才有了眉目。他当然也直接上网搜索，试图找到原因。（当在罗马时……）他发现了后互联网时代阅读方法的彻底突破。在网络出现之前，阅读主要是一个线性活动。“你看一本杂志、一个菜单、一本书，不管怎么说，你几乎可以不间断地阅读，这是我们从洞穴时代开始的阅读方式。”他说。

随后互联网出现了超链接、滚动屏幕和没有尽头的信息流，这就需要进行非线性阅读。迈克发现，问题在于，并不是我们的大脑已经适应了第二种阅读方式，而是，第二种阅读方式取代了第一种阅读方式。在为《华盛顿邮报》撰写的一篇文章中，他对线上阅读的深入性进行了自己的内部实验，结果显示只有 30% 的人能读完他的一篇关于阅读问题的文章。

“我惊呆了，并深感不安，”迈克说，“生活中许多东西，无论是小说、短篇故事，还是抵押贷款合同，都需要我们慢慢读……”

打开一本书，慢慢阅读，停下来思考一个句子，或者回头再读一遍。给每个词一个“哇”的机会，或打动你或教育你。是否能成为一个深入思考的读者以及一个高效的在线浏览者？我们能同时做到吗？这两种技巧之间正在发生一场战斗，塔夫茨大学阅读和语言研究中心主任玛丽安娜·沃尔夫（Maryanne Wolf）对这一点并不感觉奇怪。她的开创性著作《普鲁斯特与乌贼：阅读如何改变我们的思维》已于10年前出版。多亏了电子屏幕，阅读从那时起发生了很大变化。所以，当我见到沃尔夫时，她正忙着她的新书《致好读者的信：数字世界中阅读大脑的未来》，当时，她居住在一个被法国阿尔卑斯山环绕的小湖边，Wi-Fi（无线网络）极不稳定。这是一个能使人集中注意力的好地方。

认知神经科学家对迈克和我们其他人身上发生的事情有一个书面解释：“我们的研究已经开始向我们展示，阅读的脑回路的各个方面会随着我们在互联网和数字阅读上花费的时间而变化。”

挪威斯塔凡格大学安妮·曼根（Anne Mangen）的一项研究旨在观察人们在屏幕阅读与纸质阅读上的理解度。在这个实验中，50个成年人阅读了一篇神秘的短篇小说，其中一半阅读纸质书，另一半阅读Kindle（亚马逊的电子书）。之后，他们要填写问卷。所有人对故事的情感是相似的，但对情节、年代问题的回答却有很大差异。当被要求以正确的顺序排列故事中的14个事件时，使用Kindle的读者表现更差。大部分受试者还表现出

“绝对偏爱印刷品”的倾向。

沃尔夫认为，尽管曼根的研究证明传统阅读方式有好处，许多人也喜欢这种方式，但人类大脑对网络阅读适应得太好了。基本上，由于放弃传统阅读，我们正在失去慢速阅读的能力。“这是我真正担心的，”沃尔夫说，“我担心我们会失去我们最珍贵的获取深度阅读的能力，因为我们被给予太多的刺激了。”

沃尔夫在自己身上做了一个惊人的实验，她说：“对我来说，这是一种非常令人不安的情感体验。”她重读她最心爱的、富有挑战性的书之一，黑塞最后一部小说《玻璃球游戏》，故事发生在一个遥远的乌托邦未来，从音乐、艺术到科学和数学，所有的知识都被封装在一个复杂的游戏中。

“我做不到了！”尽管读她最爱的书，沃尔夫说，“我做不到放慢阅读速度，真正把注意力放在这本读起来非常困难和苛刻的书上！”沃尔夫可能是一个神经科学家，但她的大脑也发生了变化。她决定开始进行慢速阅读来重建她同样萎缩的“肌肉”。在两周的时间里，她每天都强迫自己反复阅读《玻璃球游戏》，直到她恢复了对于深刻而艰深的阅读的耐心。正如沃尔夫所说：“我必须重新学习如何阅读。”

对于沃尔夫这些成年人来说，重新慢读是一种帮助，但对于年轻人和孩子来说，他们又该怎么办呢？他们没有机会在互联网时代之前建立起深度阅读的基础，何谈重建深度阅读。

“你所关心的是我最担心的。”沃尔夫说，“我真正担心的是年轻人深度阅读过程的形成。这需要时间，实际上需要几年的时间才能形成将推理、背景知识、类比和顿悟结合在一起的能力。”

理想情况下，我们的子孙后代能够拥有快速阅读与慢速阅读的双重能力，沃尔夫称之为“双重脑”，它能同时构建和维持大脑两种不同的阅读方式。

沃尔夫既想“保留”传统的阅读方式，又想以一种智慧而周全的方式整合新的阅读方式。她说：“这需要我们的智慧，需要像你我这样的人说：暂停。社会上的人，作为成年人，作为下一代的老师，想想你们在做什么。”

换句话说，即使印刷和存储成本不菲，书籍也永远不应该完全被数字文本取代。如果条件允许的话，每个读者都应该努力把纸质书和电子书结合起来。从纸质书开始，建立深刻的理解，然后过渡到数字阅读，同时保持阅读艰难和较长文本的能力——这是扫盲的下一步。随着孩子们的成长，纸质阅读与数字阅读的比例会自然地发生变化，他们不再有时间阅读《英语文学 101 系列》和《包法利夫人》，但深度阅读是一种技能，必须不断得到锻炼。正如沃尔夫在《普鲁斯特与乌贼》中所写的那样：“要想更好地利用只需点击一下鼠标就能获得的丰富信息，就需要运用执行力、组织力、批判性和自我控制的技能来导航和理解信息。”

也许学生们已经直观地理解了纸质书的重要性。美国大学语言学教授兼研究员内奥米·巴伦（Naomi Baron）发现，美国、斯洛伐克、日本和德国92%的大学生更喜欢读纸质书，而不是电子书。当然，一些接受调查的学生认为电子书更便宜，但他们也提到喜欢纸质书的书香味以及翻过最后一页时的成就感。

我决定暂不给我的儿子凯看电子书，尽管他从学校图书管理员那里得到了一份暑期在线阅读清单。以后他不可避免地会接触电子书、互联网，那么为什么不先重点培养他深入阅读的能力呢？

用手记笔记更有利于记忆信息

长期以来，我一直怀疑普林斯顿大学和加州大学洛杉矶分校研究人员的研究结果：写作的触觉体验为学习过程增加了一个重要的维度。

这就是纽约大学斯特恩商学院兼职教授劳拉·诺伦（Laura Noren）不允许她的学生在教室里使用笔记本电脑的原因。诺伦说，“记笔记不仅仅是逐字逐句地写下来，在做笔记的过程中，他们实际上不得不做一些过滤。这就是我想让他们学习的”。学生在电脑上打字时就是逐字逐句地写下来，而不是用手写的方式写下想法。

她的方法带来的好处不仅仅是让学生们学会了做笔记。“在这学期，学生们参与课堂讨论的能力大幅提高，”诺伦说，“起初他们很安静，不知道如何交流，只能跟我说话。但随着课程的进行，他们交流得更好。如果允许使用笔记本电脑，这种交流就不会发生。”

挑战一：记录自己的数字产品使用习惯

“放空”项目中的第一个挑战仅仅是仔细观察你真实的数字产品使用习惯。从早上醒来直到晚上入睡，你都要注意和理解你的基本行为，这是控制它的第一步。

不要跳过《部落战争》的任何一场战斗，也不要跳过谷歌上的会话框，而是要观察自己，并做笔记。你可以使用一个应用程序，来跟踪你的设备，或带着笔和笔记本去上学。重点是：准确地记录你查看手机的频率。你查看些什么：电子邮件、社交媒体、未接电话、路线、天气？你都是通过手机来看这些东西的吗？你都看些什么：你妈妈发来的那些长长的邮件，《纽约时报》，还是照片墙？你什么时候把手机拿出来的次数最多？还是总是把手机拿在手上，即使是走在街上、排队、约会或在路上？你是独处时使用手机，还是在开会或与他人交往时使用？你去洗手间时带手机吗？这些问题只是为了让你思考。问问你自己什么是最相关的，唯一的要求就是你要诚实地回答。

> 跟踪数字产品使用情况时，不要改变自己的行为。
>
> 想想你的“放空”的目标，无论是再读长篇小说，还是把晚餐变成一个没有科技的地方。

鼓起勇气。当我跟踪自己时，统计出来的数字令我伤心。我的笔记本电脑、平板电脑和手机比任何人都更了解我。它们知道我喜欢什么，并且知道如何吸引我的注意力。

我每天平均 100 多次拿起手机，每天大约花 70 分钟来使用手机。

这些统计数字符合“放空”挑战项目中的大多数参与者。下载该跟踪程序并注册参与“放空”项目的 7 264 人，每天人均使用 90~100 分钟手机，拿起手机 40~50 次（当你快速查看屏幕上的文字或新邮件时）。（顺便说一下，周五是最大的手机日，也许是因为人们在玩交友软件 Tinder。）其他的研究人员估算，美国人平均每天看手机 150 次，我们的统计数据显然小于这个数字，我想是由于他们参加这个项目时，自我意识和改变行为的动机更强，因此，他们拿起手机的次数要少得多。

挑战一的评语

我喜欢这个挑战。以下是我在挑战的第一天观察到的：上午，当感觉精力充沛、情绪高涨时，我很容易把手机放在视线之外；临近中午，因任务截止时间临近以及多项任务需要同时完成令我分身乏术，我备感压力、疲惫不堪，每隔五分钟就有一次拿起手机的冲动，这既是为了分散自己的注意力，不想完成任务，又是因为我累了，想要一些简单的即时满足，而不想去推进艰难的任务。所以也许我们在受到压力时，会本能地拿起手机转移注意力。

——保罗

我刚刚下载了 BreakFree 这个追踪程序！我喜欢这个主意。让我们站着，什么都不做，发着呆，甚至和其他人尴尬地站在电梯里吧。

——R.J.[①]

① 原书如此，没有姓。——编者注

/ 如何挑战 /

首先，苹果用户下载“时刻”（Moment）程序；安卓用户下载 BreakFree 程序。这种应用程序将引导你建立基本数据。我推荐使用传统记录方式的应用程序，因为它更准确。当我用“时刻”来追踪自己的数据时，我发现，我一进入电梯就会下意识地查看手机，我甚至都没有注意到这种行为，以至于无法手动记录下来。这种数字追踪技术不仅能让你看到无意识的行为，而且还能留下追踪一周的准确数字。

许多人开玩笑说，为了项目——试图重获控制权或限制科技，而使用一个应用程序，这是一种讽刺。但正如我之前所述，本书并不是反科技的。我们希望以更健康的方式与之共存，那么，在这种努力中，还有什么比科技本身更好的工具呢？

小调查

以下问题可以让你更多地思考如何使用你的数字设备。你的答案将帮助你更好地了解自己的数字习惯，并找出最能帮助你平衡的信息和提示。

1. 你通常将手机放在哪里?
   a. 我的桌子上
   b. 我的口袋里
   c. 我的包里
   d. 我手里
   e. 其他（请注明）：

2. 总的来说，我想我每天花在手机上的时间：
   a. 过多
   b. 太多
   c. 适量
   d. 一点
   e. 没有

3. 你最常打开的三大 App 是什么? 请对这些选项进行排名，可以写出下面列表中没有出现的 App 名称。
   a. 电话
   b. 电子邮件
   c. 短信
   d. 导航
   e. 社交媒体
   f. 相机
   g. 游戏
   h. 其他（请注明）：
   i. 不适用

4. “放空”项目部分内容是关于适合你生活的手机和电脑使用的重新思考。你最想削减哪些行为?
   a. 检查 / 打开

b. 玩游戏
c. 发短信
d. 打电话
e. 拍照
f. 使用社交媒体
g. 以上所有
h. 其他（请注明）：
i. 没有

5. 你最想要改变使用手机或电脑习惯的时间？
a. 清晨（上午 5 点至上午 8 点）
b. 上午（上午 9 点至上午 11 点）
c. 午餐时间（上午 12 点至下午 2 点）
d. 下午（下午 3 点至下午 5 点）
e. 傍晚（下午 6 点至下午 8 点）
f. 晚上（晚上 9 点至晚上 12 点）
g. 深夜（凌晨 1 点至凌晨 4 点）
h. 周末
i. 以上所有
j. 以上都没有
k. 不适用

6. 根据你的整体压力水平，请说明你的手机或电脑（或两者）对你的影响：
a. 增加我生活中的压力
b. 缓解我生活中的压力
c. 与我的压力水平无关
d. 不适用

7. 在过去的一周里，你有足够的时间静下来思考吗？
a. 我有太多的时间坐下来思考
b. 我有足够的时间坐下来思考
c. 我没有足够的时间坐下来思考
d. 不适用

视线

第三章

/

视线之外

当想象力失去焦点的时候，你不能依靠你的眼睛。

——马克·吐温

我们的数字产品呈现出一种人格化的，甚至可能是哺乳动物的属性：我们把它们放在昂贵的套袋里；把它们贴身放着；当它们大声叫喊时安抚它们；当找不到它们时感到惊慌。我的一位听众把他的手机形容为“集最好与最差品质于一体的最好朋友”。另一位听众把他的手机视为婴儿的奶嘴。互相依赖，还有吗？

我们对智能手机和其他数字产品的热爱不该被否定，但这种共生关系如何影响我们的模拟关系和线下责任？可以肯定的是，科技为人类交往带来了一些不可思议的新的可能性，这是几十年前无法想象的。互联网把来自世界各地的人聚集在一起。无论是为了民主革命还是为了支持团体，那些本来不可能有机会联系的人都能找到组织。那么它就有了从根本上改变约会和爱情的方式。在这里，我不仅仅指交友软件 Tinder。我在研究中，发现了一个可以注册的服务，“隐形女友”应用，这个应用可以帮助你收到来自你自己设计的女朋友或男朋友的短信。有真人被雇来写短信，每次回复你的不一定或者从来都不是同一个人。一开始当我听说这个由群众外包的浪漫服务时，我想谁会用这样的东西！但后来我碰到一个使用这种服务的年轻人，他有脑瘫，只能坐在轮椅上，不能经常外出，当他出门时，女人们也不认为他是一个浪漫有趣的人。这改变了我的观点。虽然他很清楚“隐形女友”的固有缺陷，但总比没有好。

然而，当我更多地了解到技术是如何以微妙的，甚至不可察觉的方式来影响我们时，更多的证据也在表明，除了我们对工作或图书的关注能力发生了变化，我们想要对有血有肉的人给予充分的关注也变得越来越困难。

几乎所有人都认为，和一个不停地看手机的人在一起令人生气。例如，我理解我哥哥需要和他的现场施工人员保持联系，他们可能有紧急问题需要沟通。但当我们兄妹三人聚在一起时，他这样做会让我和姐姐抓狂。他坚持认为他可以一边发短信，一边和我们聊天，两不耽误。而当他意识到自己只用一些“啊哈”和“当然”来敷衍我们后，他深叹一声，最终放下手机，回到现实世界。然后，他笑着问：“等等，什么？我错过了什么？”老兄！不要让我重复。我是一个忙碌的女士！事实证明，在我哥哥发短信让我抓狂的背后有一些科学道理。

在 2014 年一项名为“iPhone 效应：在移动设备存在的情况下，面对面社交互动的质量”的研究中，弗吉尼亚理工大学的研究人员发现，移动设备的存在，即使放在桌面上，表面上看起来是良性的，也能降低两个朋友之间换位思考的能力。在“自然现场实验”中，有 100 对试验者被分配完成 10 分钟的谈话，从远处观察，如果人们碰巧手中或桌上有手机，你猜怎么着？“研究发现，在年龄、性别、种族和情绪等因素的影响范围之外，人们在没有手机的情况下进行的对话明显优于在有手机的情况下的对话。”该研究指出，“在没有手机的情况下进行交谈的人，他们的同理心程度更高。在有手机的情况下进行交谈且关系密切的参与者与关系普通的参与者相比，前者的同理心水平更低。”

每当我和朋友一起喝咖啡时，这个研究就会在我的脑海中回响。我试图把手机朝下放着。现在我肯定会把它完全从桌子上拿开。我希望我大部分的谈话是优质的。

研究结果显示，“无所不在的计算机”时代对社会情感生活的影响是巨大的。历史证明，人们已经很难建立人际关系，建立信任，了解他人的观点了。无论如何，现在既然相互之间的互动往往受到限制，为什么还要以手机的形式增加另一个绊脚石呢？

/ 打电话与发短信 /

工作、养育子女、约会，这些都离不开发短信这项社交互动。即使这些信息变得空洞无物（想想 15 条关于谁可以回家签收包裹的短信，而一分钟的电话就能解决问题），许多人仍然拒绝打电话。我在与我合作的年轻广播制作人中看到了这种趋势。当我建议他们打电话给一个发了多次电邮请求仍没有回复的人时，他们看起来吓坏了。他们不知道如何用声音而不是精心编写的文字来好好打个电话说服对方。

在《纽约客》专栏作家亚当·戈普尼克（Adam Gopnik）所著小说《蛾》（*The Moth*）中，作者与他 12 岁的儿子之间有一段关于即时通信的故事，戈普尼克对年青一代倾向于文本的偏好感到困惑。年轻人之所以愿意迅速地发送信息，而不是实时地听到别人的声音，他认为，原因是选择了新的而不是更好的方式。“如果是史蒂夫·乔布斯发明了打电话，它就会出现在第二天的《纽约时报》头版头条，你会看到到处都是巨大的背页广告：‘真实的声音！真正的沟通！终于来了。从键盘的压力中解放自己吧！’”戈普尼克写道，“这将是 20 世纪最伟大的突破，因为 19 世纪的孩子们只能发短信。”

雪莉·特克尔教授对此有不同的看法。这位训练有素的社会学家和临床心理学家的著作《群体性孤独》(*Alone Together*)在《纽约时报》畅销书排行榜中位居榜首。她的新书《重拾交谈》的灵感来自她听到人们总说他们宁愿发短信也不愿打电话的经历，这是一种她不理解的情感，因此她想去探究。

特克尔的研究始于一个简单的问题：打电话怎么了？一个18岁女孩的回答反映了许多人的感受，她说："我来告诉你，打电话怎么了，因为它实时发生，你不能控制你要说的。"特克尔傻眼了。这本是特克尔认为打电话才是"正确"的交流方式的原因。"我们害怕在面对面交流的过程中暴露自己，到底是怎么回事？"她问。发短信让我们有时间编辑内容，并努力展现一个我们所能想象的更完美版本的自己，特克尔解释道。

这一点，在她的工作中也得到了证实。作为麻省理工学院教授，她的学生们宁愿给她发电子邮件而不是去办公室找她。当她问学生们原因时，他们再次写了一封"完美的电子邮件"，在这封邮件中，他们可以将问题提炼并编辑成一个经过精细加工的请求，然后期望得到同样最佳的答复和解决方案。特克尔认为这种做法是冰冷的，并且受到媒介的限制。特克尔说："为什么我成为一名教授，并且热爱学习？是因为大学里老师的关心。有一位教授说：'你很聪明，你可以做到或者这是一个糟糕的主意，但是我们会一起做得更好。'如果我的学生只是给我写一封完美的电子邮件，我也回复一封同样完美、冷冰冰的电子邮件，我就做不到真正关心学生。我不希望这样的事情发生。”

这是事实，我在大学里早就认识到，我是那种想到什么就要表达出来的人之一，如果大一时教授没有在课堂上对我逐步建立的关于法国大革命经济影响的论点进行鼓励的话，我可能永远也不会有这个特点。

大学是我们世界的一个缩影，在技术解决方案面前，人与人之间所有的鼓励和尴尬混乱都在缩小。正如特克尔在《重拾交谈》一书中所写的，麻省理工学院正在开发一个项目，当人们输入他们的问题后，这些问题会被发送到亚马逊土耳其机器人网站（Amazon Mechanical Turk）——一个全球性众包平台。在这个平台上，人们被雇用来完成目前计算机尚不足以胜任的琐碎任务或完成“请求者”发布的任务，这些任务的范围从做调查到网上出售彩色鞋，再到心理治疗。在那里，一个人倾听你反复说做飞机坠毁的噩梦，世界上另一个地方的一个人则倾听你和专横的母亲之间的问题。他们对你进行的这个谈话心理治疗 2.0 版本，弗洛伊德若听到，就会从他的坟墓中爬起来。特克尔把心理健康服务外包给匿名虚拟工人的问题归纳为，“没有一个人会为你考虑，并告知你”。我也想补充一点，没有人会和你一起寻找一个潜在解决方案。

特克尔认为，虚拟线上治疗以及发短信而不打电话是贬低交谈和“人类情感”的一大趋势。她说：“我们已经忘记了谈话应该与另一个能够记住上一次谈话的人进行，因为有历史渊源和同理心才会发生交谈。”眼睛是心灵之窗。

特克尔提出，有研究证明，在交谈过程中，手机的存在会降低谈话的质量已经成为常识。（弗吉尼亚理工大学的研究表明，在谈话中不将手机放在与会者的桌边，只是放在他们的视野内，仍然有很大的影响！）“如果你认为你可能会被打断，你就不会分享一些非常亲密的东西，”特克尔说，“即使是一个无声的电话也会断开我们的联系。”

特克尔热衷于担负起挽救谈话的使命，不仅是为了我们的个人福祉，也是为了整个社会的利益。她说：“每一代人都需要有能力就复杂的事情进行复杂的对话，你不可能仅靠线上的只言片语来解决政治或经济难题。”

不幸的是，当特克尔关于对话和连接的观点被压缩时（想想书籍短评或推特），它给予人的印象可能是过时或守旧的，而不是一种关于我们与科技的联系的进化看法。至少，那些坚持精心写电子邮件给她而不是去她办公室拜访的学生，现在都是优秀的作家。如果他们几乎不交谈，好吧，所有的希望还是不会落空的。就像我们改变了我们的大脑一样，我们也可以改变它们。特克尔说：“一个非同寻常的原因就是我们的适应能力十分强。在没有数字产品的夏令营里，只需要五天的时间，年轻人的同情心就能恢复正常。我们是富有感情的生物，所以需要一点时间就可以恢复这种平衡。”

还有一个问题：我怀疑那些麻省理工学院的学生（比如你和我）是否会前往一个没有手机，只有蟋蟀叫声的露营地。事实上，我向特克尔承认，我和我丈夫每天至少发短信五到十次，而且我挺喜欢这种方式的。他有趣、自嘲的 10 个字信息就显露出他的个性本质，而在我们几乎不能见面时，这些发短信的时光似乎对我们的关系非常有益。这些短信是“优秀的”对话吗？但至少我们可以像两个忙碌的专业人士一样，把孩子和疯狂的日程安排联系起来。

“我觉得这很棒，”特克尔回答说，“我的问题不是发短信，我的问题是在你身边有另外一个人时发短信。”正如我在本书中所做的那样，她认为她的研究根本不是要反对科技。“我爱发短信。我喜欢我的手机，”她说，“对于一个长大后认为自己所得到的最棒的礼物是迪克·特雷西双向腕式收音机的人来说，手机简直是个奇迹！问题是当你把注意力分散在他人和手机之间时，有时候，我们必须给自己一个机会，让自己向对方敞开心扉。”真正敞开心扉可能并不会那么顺畅，比如，它需要一定的时间，也会有令人尴尬的时刻，中间也会有停顿……但也许正是这些才帮助我们达到沟通的效果，而键盘上的空格键可帮不上我们。

触摸屏可以改变我们对世界的看法——或者至少可以让我们的拇指更快

我们对科技变得痴迷，并且发掘了过去被低估的拇指新的高强度的工作职能，这些都是神经科学家的梦想。研究人员在研究普通人的大脑可塑性，比如发短信时，所有的敲击和滑动都为他们的研究提供了整齐、准确的数据。至少瑞士苏黎世大学及瑞士苏黎世联邦理工学院神经学家阿尔科·高许（Arko Ghosh）和他的同事们在开始研究我们的数字使用和大脑活动之间的联系时是这样认为的。

研究人员分别测量了智能手机用户及非智能手机用户的大脑不同部位的电波活动，他们发现，与拇指和食指指尖有关的大脑皮层的活动与使用手机的次数呈正比。这似乎显而易见，但正如高许教授在2015年1月发表研究报告时告诉《当代生物学》杂志的那样，“我真的对这些变化的规模感到惊讶”。

根据他们的脑电图（EEG）读数，智能手机用户在同时使用拇指、食指和中指时，他们的大脑活动测量值更大。他们发短信越多，脑电图反应越大。

高许教授告诉路透社记者：“智能手机用户的大脑处

理过程与非智能手机用户不同。”但它与专业的法国圆号演奏家或外科医生没有什么不同，演奏家或外科医生用于工作的手指相对应的大脑部分比我们其他人相对应的大脑部分要大。不过，如果你仔细想想，就会觉得这有点奇怪：大量发短信正在以新的方式塑造我们的大脑。更好？虽然这项研究仅限于我们的大脑如何处理触觉，我的回答是肯定的。我们“更擅长”利用小小的键盘敲出简洁的文字快速回复短信。玩笑归玩笑，这项研究引出了一个问题，即智能手机的使用如何影响其他尚未被研究的大脑区域。

/ 抵制反射 /

技术符合古老的谚语：万物皆有时空。这些虽是陈词滥调，却是事实。但是，当涉及这种强大的科技产品时，我们如何教会自己以及孩子自律呢？谈话时需要你把手机放在视线之外，而不只是正面朝下放在你面前的桌子上？当你进行“人际交往”时，发生了真正紧急的情况而你的家人又找不到你，该怎么办？或者，就像我同事的情况一样，她需要用手机远程遥控帮她遛狗的人。（在她接受治疗时，也一样！）

在我对假设分析（“如果”）急剧失控前，我得到了庞博士（Alex Soojung-Kim Pang）的现实检验，他是斯坦福大学的科学预测学者以及《分心成瘾》（*The Distraction Addiction*）一书的作者。恰好在庞首次进行手机升级后，他所谓的“冥想式计算”之路开始了。即使未来主义者也容易受到智能手机的诱惑。庞本以为自己有能力在实验室里长时间地集中注意力。但随着实验项目日益增多，时间似乎远远不够。他发现自己总盯着他那该死的手机，而不是解决深层次的问题。他开始恐慌起来。

他解释道：“我用这些技术来度过自己的危机。作为硅谷的技术预测者和未来主义者，我每天都在网上度过。和大多数人一样，我也有很多事情需要同时去做。几乎没有停下来的时间。几年后，我开始觉得自己正在失去真正集中注意力的能力。”

这个上过牛津及其他高端学府，在硅谷工作的庞，恐慌了。他珍视自己钻研复杂文件的能力，并在很长一段时间里与复杂而神秘的思想做斗争。与各种不同的想法做斗争并找到解决方案，不仅对庞的学术和财务成就至关重要，也让他自身深感满足。他一直认为自己的才智是他的组成部分，直到他“感觉自己的才智溜走了”。除了深层次的思考能力，他的记忆力也出了问题。他说：“我走进房间去拿东西，当我到那里时，就忘了我要找的东西是什么。”

庞更加细致地观察自己的行为，发现他手中的小小手机正在消磨他的时间，束缚他的大脑。

“智能手机就像一个四岁的小孩，”庞说，“它的默认设置是提醒你所有的一切。”一条新信息，一个小弹窗，收到新电子邮件时的嗡嗡声，网络信使（WhatsApp）、阅后即焚等各种应用软件。到处是泡沫，你快被淹没了。

庞继续把智能手机比作小孩：“它们想要立刻、马上获取你的注意力。它们对什么时候可以打扰你，什么时候不能打扰你没有社会界限。如果你让孩子们乱跑，他们就会立刻撒欢儿。但作为父母，我们可以教孩子更好的规则。同样，我们也可以教我们的智能手机遵守更好的规则。我们可以把它们从不断打扰我们的设备转变成保护我们注意力的设备。”

有了“分心是一种选择”的坚定信念，庞开始研究和开发更加用心的数字实践，将我们的手机从任性的孩子变成行为端正的孩子；设置和使用我们的设备时“把它们放在它们该被放的地方”。我们的科技设备哪儿也去不了，它们已经成为现代世界的永久组成部分。但这并不意味着我们应该因此而分心。

就像我们在“放空”项目中发现的一样，庞也发现，他的创造力需要他花时间走神，或者用他的话说，什么都不做才行。抱歉，在清空电子邮箱和想出下一个商业项目之间，还不能跳过这一步。

对于庞来说，这意味着要追溯到他的学术根源，并抨击神经系统科学和关于注意力、多任务处理和其他影响大脑的自我分心的心理学文献。“我也开始了冥想，”他说，“我可能是世界上最糟糕的冥想者。”

我认为在这个主题上他是我的有力竞争者。但当谈到冥想时，庞说：“即使你做得不好，你也能从中受益。”他把探索冥想作为他恢复敏锐精神目标的一部分，在这个过程中，他意识到，佛教和其他用来解决生存难题的传统工具，也是“解决我们总是使用手机或平板电脑或玩脸书和推特等问题”的办法。

这说得通。正如瑜伽可以使我们充分参与到自己身体的运行当中一样，正念练习也能帮助我们更好地觉知我们如何使用我们的数字设备。让我们用“目的性”一词。作为一个社会，我们已经决定——就像我们心爱的设备一样——要么开着，要么关着。你知道，有些家长不让孩子接触电子产品，而另外一些家长允许孩子可以无限制地玩《我的世界》[①]，因为它很有创意。我们的社会必须欣赏所有进步技术或选择让科技也有安息日吗？与我们的

① 《我的世界》（*Minecraft*）是一款高自由度的全球火爆沙盒游戏，最早于 2009 年 5 月 13 日上线。全球售卖超过 5 500 万套。——译者注

科技建立一个健康良好的关系是否有可能？持续的警惕是不是太费劲了？

在为他的书做研究时，庞花时间与那些特意关掉屏幕或社交媒体网站（从一周一天到一个月一次）的人待在一起。他支持采取这种休息方式，如果这种方法能帮助人们更加清醒和认真地使用科技。他所谓的“沉思式计算”的全部意义在于将这些最佳实践融入我们的数字生活中。“缓解工作压力的方法不一定是辞职，而是学习如何更好地应对压力。同样，我们能否想出与我们的设备互动的方法，或者它们与我们互动的方式，来避免这些问题的出现呢？”他说。

在信息时代，庞并不是唯一正在做注意力研究工作的人。“极简”（Zenware）软件程序有一个宏大的市场，这些软件可以做任何事情，从管理个人电脑上的典型混乱状态，到冥想应用程序，再到能关闭互联网的插件。“极简”的一整个系列子集可以将计算机程序剥离到最好的效用。（想象一下没有下拉菜单。）所以你可以“直面空白页恐惧，而不是把大部分时间花在格式化和宏指令的操作上，并且不要借助于复杂的程序去做其他事，这些程序虽然起作用，但实际上并不那么富有效率”。

在禅宗科技前沿，庞发现了一个由佛教僧侣和尼姑组成的社群，他们是“狂热的社交媒体用户”。他们在博客、推特上更新他们的状态，并举行在线冥想会议。这些现代僧侣的思维形式令他震惊，因为他们看不到虚拟现实和现实之间的区别。对他们来说，所有的现实都是一样的。庞明白了这一点，他问他们，为什么在网上花那么多的时间，却没有失去保持注意力的能力？“他们中有一半人甚至不明白这个问题，”他说，“就像是问一个人，你怎么能在引力场里吃东西？”

尽管如此，僧侣和尼姑们还是认真考虑了庞的质疑，过了一会儿，他们以另一个问题的形式回答了庞：“为什么你认为科技比你的思想或世界上的任何其他东西更让你分心呢？”

他们认为，分心不是来自设备、人或其他外部事物。这是一个内在问题。

这个简洁而又可怕的回答启发了庞。如果这是内在问题，那么无论我们周围的科技如何发展，解决方案都在于我们自己。“即使我们生活在一个充斥着大量分散注意力的武器的世界，在那里，精心设计的技术迫使我们花费尽可能多的时间和它们在一起，这样它们就可以尽可能多地了解我们，并把数据转卖给广告商，”庞说，“即使在这样的世界里，我们仍然能够深入自己的内心，并想出使得这些设备对我们有利的方法。”

庞通往良好手机使用习惯之路的四个步骤

掌握我们的屏幕时间是一种像冥想、公开演讲、玩《魔兽世界》之类的重要技能。我们赖以保持高效联系的设备可能具有一种与生俱来的品质——值得我们随时关注。但是，庞要让大家知道，你可以“选择这些科技在你的生活中扮演的角色”。以下是庞对使用 iPhone 的建议，或者它至少让我们的生活更加平衡。

关闭不重要的通知

请记住，当你第一次使用任何移动设备时，它都会表现得像一个一直想吸引你注意力的孩子。庞说：“它们所有的默认设置都是为了提醒你随时注意它们。”他关掉了手机上几乎所有的通知，并删除了不必要的应用程序。“我发现从笔记本电脑上登录脸书和推特非常好。”庞说。

确保你能收到对你很重要的通知

问自己一个重要的问题：在紧急情况下，比如僵尸末日，你希望能联系到谁？在庞的名单里，是他孩子的学校、他的直系亲属和几个密友。名单上的每个人都被绑定了一种特定的铃声——德里克和多米诺乐队的音乐《蕾拉》的开场音乐。他说：“尽管我听过这个吉他铃声 10 亿次，但再次响起时，无论我在哪里，我都会注意到，并放下手中的事儿。大约有十几个人被绑定了这个铃声。其他人则被绑定布莱恩·伊诺（Brian Eno）的《氛围音乐1：飞机场》。”这里不对伊诺做任何评论，只有音乐铃声《蕾拉》才能引起庞的注意，不管他的注意力有多集中（并且允许他忽略其他任何事情）。他认为电话应该表现得像一个好的接待员，它可以决定电话是需要立即接听，还是留言即可。创建一个白名单，一个你优先考虑的人的小而神圣的名单，设置特定铃声“让你与那些对你来说最重要的人保持联系，与世界上的其他人或事保持一定距离”。

与幻象小工具综合征（PGS）做斗争

可能有些人不了解什么是幻象小工具综合征，它其实是指，即使你的手机没有响，你也总感觉手机在嗡嗡作响。好吧，幻象小工具综合征并没有它自己的缩写，但你们大多数人可能都经历过了，而且它很怪异。我非常不好意思，但也不得不承认，我经常把自己咕噜噜的肚子声误认为是收到新短信的声音。庞说：“我们已经习惯于为下一个电话或下一条推特扩展我们的感官。我们开始曲解其他事情。”住院医师往往容易出现这种症状，因为如果他们错过了传呼机的话，这可能就是病人生与死的区别了。庞对这种持续不断的连接带来的副作用的处方就是远离你的手机。除非你是一名医生或者你从事的是每一秒都生死攸关的职业，他建议你不要把手机直接放在身上。把它装在包里，设置一些界限，“重新平衡你与手机的关系，让它对你有利”。

记得呼吸

“记得呼吸”是庞的屏幕保护。科技作家琳达·斯通（Linda Stone）创造了“电邮呼吸暂停”（e-mail apnea）一词，她将其定义为查看电子邮件时的临时无呼吸或呼吸暂停或浅呼吸的状态，“你知道这个感觉：当查看电子邮件或等待页面加载时，我们往往会屏住呼吸”。庞解释说，屏住呼吸是焦虑的一个进化信号。他说：“这就是你在一千年前所做的，当时你以为自己被老虎跟踪，需要安静下来。”因此，屏住呼吸是一个“无意识的压力源”。而我们大多数人每天无数次地查看电子产品，可以想象我们面临着多大的压力。在锁定屏幕上显示提醒他记得呼吸的短语，意味着庞一天看到这个消息几十次，然后呼气，双手合十。

挑战二：不要把手机放在视线内

在我和无聊研究专家桑迪·曼恩的一次对话中，她告诉我，她在早晨上班途中做了一些有趣的自我实验。她每次开车去上班都要开一个小时，尽管她不看手机，但通常一直放着电台广播。有一天，她决定“关掉广播，让思绪流浪”。她在没有任何干扰的情况下驾车。她说：“在行程结束之前，我通常会想出有关一项研究或一本书的新想法，或者如何重新装修我的房子等。”这是典型的自我规划或未来思考，根据曼恩的说法，“这确实令人耳目一新”。

我被曼恩博士的实验和庞的建议吓了一跳，不要把手机放在身上，而是把它放在包里，这两种方式都在路途中——这种简单、直接、明确界定的时间段限制人们使用手机。

这个观点认为，当你坐公交车或者在街上走时，你并非什么都没做。实际上，我应该说，你的思想并没有无所事事。我们一旦不检查邮件或其他事情，就会认为那些时光徒劳无益，或者是被白白浪费掉了。但这正是让我们的思想翱翔的理想时期。

所以，你在“放空”项目中的第二个挑战就是在你路途中的任何时候，让你的手机远离视线（也不要戴耳机）。无论是开车，坐公交，还是走在街上，都完全不要使用数字设备。

第一个挑战完成后，也许你已经开始注意到你自己的一些数字产品使用习惯了，习惯可能具有反射性，你甚至都没有意识到正在做的这些习惯性行为。例如，我的习惯就是，走在街上时，紧紧地握着手机，以防错过重要信息。握紧的手自是不同于翱翔的思绪。如果你像我一样，只是简单地把手机放进口袋里来完成这个挑战也可以。但若想完成得更出色，就把手机直接扔包里。只要所有数字设备不在你的视线范围内，就没有问题。只有当你到达目的地，才能使用数字设备。

“运动中”也可以是小动作。“放空”项目的第一组参与者中有一位有着四个月大的双胞胎和一个两岁半孩子的全职妈妈。她不确定如何应对这个特殊的挑战，因为，就像她说的那样，“我花很多时间在沙发上哺乳孩子，基本足不出户”。《写给自己》栏目工作组告诉她说，从婴儿床走到冰箱前，这也绝对是一种运动。“我决定把手机放在沙发旁边的桌子上，如果我出门，手机就放在尿布袋里。”她说，“这非常有效。直到下午 6 点，我只打了 43 分钟的电话。这对我来说是巨大的进步！”每个忙碌的妈妈都知道，其实你唯一不需要和孩子分享的东西就是你的想法，所以这种领悟对这个妈妈来说绝对是一个突破。只有在你去上洗手间，还要把婴儿抱在膝盖上时，你才会知道精神幽闭恐惧症。父母们，你知道我在说什么。

向这个勇敢的妈妈学习，调整挑战二，以适应你的自身情况。这个练习的重点是让每一次拿起手机都是有目的的。

挑战升级

在平时上下班路上或者每天都要走的路上，请不要看手机，并寻找五个你以前从未注意过的事物。它可能是装饰性的飞檐和滴水兽（在我开始带着啼哭不止的宝宝散步之前，这些是在我家附近那些我过去未曾注意过的）或者是阳光穿过云层的方式。它也可能是一些不那么富有诗意的细节，就像商店橱窗里的一双华丽的鞋，刚好与你买的一件新衣服能够完美搭配，或者仅仅是另一个人对你微笑。

由于要与数字设备分离，最初参加“放空”项目的挑战者感到非常焦虑，因此，他们需要分步骤完成。首先，当去洗手间时，他们先练习把手机放在办公桌上。

其他人，例如纽约市另一位有两个孩子的全职妈妈莫伊拉（Moira），则对整个练习进行质疑。“我的智能手机就是我的办公室，”她解释说，“‘在途中’则是我的工作时间。”别这么快否定，莫伊拉。你看，她本以为，她只是由于诸如天气变化或公共汽车时刻表等原因才查看手机，可后来，当莫伊拉准确地跟踪她的手机使用情况时，她才发现她与手机的关系并不是她想象的那样：

- 在电梯里快速查阅电子邮件（她刚刚在公寓内已经查阅过了……而且如果她只是下楼去地下健身房，她在坐电梯上楼时就会再次查看电子邮件）。
- 在小的孩子整个午睡期间，她一直玩手机游戏《糖果传奇》，之后，她不得不手忙脚乱地去做点心，并准时去接她的大孩子。
- 一旦准备带婴儿车出门，总会快速检查手机是否有信息、电子邮件或者其他更新。

在仔细观察了自己是如何真正使用移动设备之后，莫伊拉决定不再频繁地使用。她不是日理万机的国务卿，不需要在回家路上看手机（她可以在离开家之前查看天气）。在参加“放空”挑战的这周，莫伊拉挑战改变自己的行为。“当我刚跳下跑步机准备上楼时，我本能地想去看手机，”她说，“这一次，我发现自己仍然控制不了自己，但到本周末，我能把手机放在包里了！这是一个胜利，当我去学校接送孩子时，我没有再去看我的手机。”

为什么把手机放在包里就是“胜利”？因为，莫伊拉最初对该挑战完全持怀疑态度，但当她不再那么频繁地查看手机时，她感到了一种解脱。她说，她的时间不仅更富有成效，而且更符合她的“孩子般的沉思”。总之，她觉得这个经历“棒极了”。通过设置简单的界限，莫伊拉获得了立竿见影的大胜利。

根据最初的“放空”样本组，相比随身带手机的人，不随身带手机的人平均每天的手机使用时间要少 18 分钟，拿起手机的次数要少 11 次。这是相关性，而不是因果关系。但是，随时把手机拿在手上的人（一群人中的一小部分）和使用手机时间最多的人有明显的关联性。

手机放在哪里?	平均每天使用手机的时间（分钟）	平均每天拿起手机的次数
我的包里	81	28
我的桌子上	89	37
我的口袋里	88	45
我的手里	108	46
其他	112	31

我记得我决定上下班坐地铁时完全不用手机的第一天。那个下着雨的早晨，真是过得艰难：零智能手机互动、播客或其他。我只能看前一天晚上的报纸，读一篇《树》的文章。起先感觉并不好。跟我的很多听众一样，我很不自在，一开始我发现这种感

觉分散了我的注意力，而不是集中注意力（多么讽刺啊）。在苦苦挣扎了几站的时间后，我静下心来，通读了这篇文章而不是像往常那样要好几天才读完。结果如何？我对故事有了更多的分析和理解。（这个故事是关于汤姆·布雷迪的精神敏锐度的，而我甚至不是一个足球迷。）当我终于从阅读中抬起头时，我思绪万千……闻着湿漉漉的雨伞，琢磨着如何在办公室里适用运动心理学，感谢我的丈夫给我买了新靴子，并提醒自己要为下一次换季做好准备。最重要的是，当我工作时，我不再那么疯狂，比平时更冷静，看手机也正好只看三分钟。我没上网。相反，我在不急于编辑的情况下编辑了这一周的剧情，而且感觉非常好。

挑战二的评语

我猜，我很无聊。所以我突然看了看通往地铁站顶部的楼梯，然后想，你知道我刚从楼梯上走下来，但我可以回去，然后再下来，做一些有氧运动。所以我做了。

——瑞秋

作为研究生，我需要花很长时间伏案工作或开车。因此，在到达目的地再拿出手机之前，我决定把挑战扩大一点，等我完成某个任务后再检查电子邮件，刷脸书或照片墙。如果不是手机把我转移到这么多个不同的方向，我会惊讶地发现我能更好地理解材料，而且不费什么力气，能更好地专注于我正在做的事情，而且当我完成时感觉很放松。

——艾安娜

养成这种习惯之后，无疑需要买块手表。

——卡拉

记忆

第四章
/
编织记忆

所有的照片都是纪念品。拍照是为了记录另一个人或事物的终结、脆弱、易变。准确地把这一时刻分开并定格，所有的照片都证明了时间的无情消逝。

——苏珊·桑塔格

无聊和走神已成为格雷戈·科隆（Greg Colon）日常工作的一部分。作为古根海姆博物馆的安保人员，他每天花八小时在纽约的古根海姆博物馆的长廊中来回踱步。他的工作是确保游客不要靠艺术品太近并引导游客去最新的野兽派展览馆。当然，12月的星期六很忙，但科隆仍有很多不忙的时候。他穿着笔挺的制服，双手背在身后，缓慢踱步，从一个房间到另一个，然后再踱回来，身边只有一两个参观者，有时只有他孤零零的一个人。他是如何在这种无聊的工作环境中保持清醒的？答案是通过与他的另一些“同事”——艺术品交流。多亏那些独处的、与博物馆的油画为伴的时光，科隆才意识到他也具有一双发现创意的眼睛。从一幅菲利普·古斯顿（Philip Guston）的油画，他联想起窗玻璃上的冰；从一位游客的手提袋上印着的新墨西哥州州旗，他想到这是模仿了劳森伯格（Rauschenberg）的一幅作品，艺术与生活深深交织在一起。除了提升审美能力，发展与艺术的深层关系，科隆从墙上的艺术品中还找到了慰藉。

已经在博物馆警卫岗位上工作了15年的科隆如是说："你的心神会去往不同的地方，即使有些时候你并不想去。你可能在思考问题，然后你试着通过冥想、祈祷、盯着画来摆脱它。"事实上，最好的博物馆会拥抱这种世俗的平静，鼓励你去尝试，为大脑充电。

然而，最近，有一样东西已经侵入博物馆，并造就一种特殊的体验：智能手机。

"人们倾倒在这些小玩意上，这快把我逼疯了，"科隆说，当他工作时，他会把手机放在家里，"有时他们甚至连画都不看，只是在滑动手机屏幕。"

这些现象是最近才出现的，在智能手机技术的早期，科隆记得，注重自我管理的游客甚至会皱着眉头告诫那些把手机拿出来查看电子邮件或者自拍的人把手机收起来。他说："但你如果现在说这样的话，会被看作一个傻瓜。"

这一点尤其正确，因为如今许多逛博物馆的游客似乎是通过智能手机来欣赏艺术品。虽然摄像一度被禁止，但许多博物馆如古根海姆博物馆是默认允许拍照的，除非一些特殊标注的展览品。在一些主要的艺术机构，比如美国的大都会艺术博物馆、西班牙的普拉多美术馆、法国的卢浮宫博物馆（你在卢浮宫甚至看不到《蒙娜丽莎》，因为有太多人挤在它面前拍照），你就像站在尼亚加拉大瀑布前，而不是站在毕加索的裸体画前。即使在曼哈顿市中心的“9 · 11”纪念馆，人们也是如此。

当然，痴迷于拍照的现象并不局限于博物馆。餐厅、烟花会演地，甚至浴室，似乎每个地方的每一个时刻都值得人们捕捉。蒙大拿冰川国家公园的管理员说，他们现在需要应付新的危险。“我们看到很多疯狂的行为。人们总是试图走得更近以便为一只母山羊拍照，而人群外有只小羊羔叫着想要接近妈妈，但你知道，有 15 个人正围着母山羊拍照，”公园管理员马克 · 比尔告诉《晨报》记者，“这是不可接受的。”

即使是身处最偏远荒野的山羊也没能逃脱当代摄影狂的拍摄。

惊人的数据

美国人每个月要拍 100 多亿张照片。

75% 的照片都是用手机拍的。

“阅后即焚”用户每秒分享 8 796 张照片。WhatsApp 用户每秒分享 8 102 张，脸书用户每秒分享 4 501 张。

2014 年，人们平均每天上传 18 亿张数字图像（2013 年每天上传 5 亿张照片），一年上传的照片达到 6 570 亿张。

当代生活中最引人注目、最普遍、最不易管理的一个方面便是数字图像的爆炸性扩散。不仅在于我们带着可以再次经历的期望去抓拍重要时刻记录在照片墙上，而且我们对抓拍的痴迷也造就了一个庞大的，致力于照片过滤、归档和管理照片的产业（虽然我们可能并不知道这些照片哪些是来自迈阿密之行的）。当然它也会产生更多的艺术作品。荷兰艺术家艾瑞克·科赛尔斯（Erik Kessels）创作了《24 小时的照片》（*24 Hrs in Photos*）。他下载了一天之内上传到 Flickr[①]（网络相册）的每一张照片，从 100 万张照片中打印出约 35 万张，堆积的照片像巨大的雪堆，从画廊的地板堆积到天花板上。科赛尔斯在 2015 年的《纽约时报》中写道："我将淹没在别人的经历陈述中的那种感觉形象地展示在人们面前。"我们都沉迷于视觉饕餮吗？

① Flickr 是雅虎旗下的图片分享网站。其重要特点就是基于社交网络的人际关系的拓展与内容的组织。这个网站的功能之强大，已超出了一般的图片服务，比如图片服务、联系人服务、组群服务。——译者注

摄影的本质正以每秒数百万张图像的速率变化。对我们许多人来说，摄影是稀有而特殊的，是记录美或里程碑时刻的一种方式。我想起了我的婆婆，她虽然拥有最新的苹果手机，却依然让我们排好队，说“茄子”。拍照时摆出的各种姿势，让我回想起过去，那时人们只要拍完一卷36张照片的胶卷，就会去杂货店花20美元再买一卷。

现在，得益于智能手机，照片的真正目的已经转变成一种强大而快速的信息共享模式。在我们对最初的“放空”挑战参与者所做的调查中，青少年们说，他们无法想象不能拍照和分享照片的日子。一位受访者的说辞得到了很多呼应，“照片是我们保持联系的最主要方式”。正如另一个人所说，“我如果不拍照或收照片会感到非常孤独”。这不是为留住记忆……这些照片有潜在的信息，它们在说“我在想你”或者“看看我”或者“这个水果沙拉是不是很棒”，这是一种交流的邀请。

在一篇关于新“照片结构”的文章中，科技作家奥姆·马利克（Om Malik）解释了使这种扩散成为可能的因素，包括网络带宽①、存储以及内置在我们设备中的高像素相机。他的侄女总

① 网络带宽是指在单位时间（一般指的是1秒）内能传输的数据量。网络和高速公路类似，带宽越大，就类似高速公路的车道越多，其通行能力越强。——译者注

喜欢在阅后即焚上，每隔几分钟就分享一次照片，他把这作为“从未感到任何约束的一代”的例子。马利克与Neo科技和开放源数据库Neo4j的联合创始人彼得·纽鲍尔（Peter Neubauer）进行了对话，这位瑞典高科技领袖预言，摄影的重要性将从个人转向合作。马利克写道：“照片一直是创意、艺术和自我满足的工具。但未来，真正的价值创造来自将照片对接在一起，作为一个全新的资源库以提取信息。”

然而，就目前而言，充斥在云端的照片主要来自人们记录自己和生活的方方面面。我的意思是，拜托，那些假期的日落，孩子们开学的第一天，还有从农场到餐桌的主菜，是不会自己拍摄记录下来的。捕捉并珍惜宝贵生命稍纵即逝的印象与立即在脑海中跳出当人们看到你精彩照片时，他们会怎样看待你的想法，这两者的界限很难划清。诸如，你的女儿真棒；你的桃子味的奶油蛋糕看上去出自“简单”甜品店；你的品位很高雅；你的生活很精致。是吧？

在社交媒体上可以塑造理想化、令人满意的自我形象，但也不可忽视其消耗时光的一面。雪莉·特克尔在其研究中也遇到了这个相同的主题，她以一位父亲的故事为例。这位爸爸为了能更加亲近女儿，报名参加了学校的郊游之旅。在整个旅行中，他非常忙碌，从上大巴开始，就不停地拍照，并上传到脸书，查看别人给他的点赞。他的女儿不得不指出，他在一个多小时里没有跟她说过一句话。

当特克尔告诉我这个故事时，我的第一个想法是一位父亲在脸书上发布他和女儿的照片，这本身就是一种形式的亲密。他得让他的妻子、父母、朋友，甚至全世界都知道，他请一天假来陪他的女儿是值得的。他把这些人都带入郊游中，在女儿试着挤牛奶时，让他们也能感受到女儿脸上那种羞涩的喜悦。这难道不值得吗？这难道不慷慨吗？

但特克尔不相信公众的关注能弥补女儿真正想要的——她父亲对她的关注。特克尔说："从理论上讲，孩子们也喜欢科技，但我一遍又一遍地从孩子们那里听到同样的诉求，'爸爸，请不要再用谷歌了。妈妈，别再看你的手机了。我只是想和你聊聊'。然而许多人以不同的方式仍在这样做。"

为了证明这种无媒介互动的重要性，特克尔引用了一组著名的实验，即"静止脸实验"。20 世纪 70 年代，发展和临床心理学家爱德华 · 特罗尼克（Edward Tronick）在一系列婴儿与母亲面对面互动的实验中观察婴儿的表现。这个实验以一个正常互动作为基线，当"静止脸实验"开始时，母亲会面无表情，对婴儿的要求毫无回应，之后，再回归到母亲和孩子之间的正常互动。特罗尼克描述说，当与面无表情的母亲进行三分钟互动后，婴儿会

“迅速地清醒并且变得谨慎。他反复尝试之前的互动，当这些尝试失败时，婴儿会以一种退缩的、无望的面部表情从他母亲那里撤回他的关注和身体语言”。

在一系列相关实验中，“静止脸实验”已经被复制了80多次（发展心理学中最成功的实验之一），并且发现了“静止脸现象”和婴儿在行为和依恋方面对未来适应性之间的关联性。

“面对一个人，却被忽视，这很令人抓狂，”特克尔直言不讳地说，“这对孩子们是一种伤害，但即使是成年人，也很难容忍一个我们试图与他联系，但他却表现出无丝毫同理心的人，他转过身去看别的东西，就好像我们并不想和他联系一样。现在，这种场景十分常见，已成为我们新的社会规范。”

特克尔认为，现在是我们重新思考这种动态，把我们的注意力从数字设备上转移到我们想要保持联系的人身上的时候了。特克尔不赞成我最近在操场上的行为。我的孩子戴着洋基队的棒球帽，穿着太阳裙，看起来非常可爱，我想永远记住这一幕。我起码三次要求给她拍照。我女儿被迫摆出一系列面部表情（正常！古怪！悲伤！）。在9月一个极好的下午，我们始终盯着手机，而不是尝试再爬一次猴架。但我的理由是：当需要捕捉周围的美时，我们很难保持清醒。所以我试着限制自己，每天只给她拍一次照，而不是整天。她会逐渐成长，生命也将慢慢消逝。在这个过程中，照片并不会帮助我应对未来的危机。我的目标是感受当下，这比拍照更重要。

美在“点赞”中

莎卡·沃丹姆（Shankar Vedantam）在播客《隐藏的大脑》（*Hidden Brain*）中进行社会科学研究，他报道了一项有趣的实验，内容有关社交媒体对我们大脑的影响，更具体地说，我们对社交媒体中看到的图像的评价。加州大学洛杉矶分校的劳伦·舍曼（Lauren Sherman）希望验证一个理论，即年轻人在使用推特和照片墙时，大脑的工作方式不同于他们在物质世界中的工作方式。“突然之间，这些互动的数量很少，无论是点赞还是转发，还是收藏，”她在刊登于《晨报》上的沃丹姆报告中说道，“我真的很好奇这种可量化的互动是如何影响青少年从网上感知信息的方式的。”

因此，她和她的同事们在给青少年看模拟的照片墙上他们的“朋友”（实际上是研究人员）的照片时，对青少年的大脑进行了扫描。结果是，照片越像，它在伏隔核（大脑奖赏中枢的一部分）中产生的活动就越多。即使研究人员在点赞上做文章——给同一张图片一个对象 50 个点赞，另一个对象 5 个点赞——也不起作用。点赞的数量是刺激大脑中让你感觉良好的部分的决定性因素。

对于任何一个了解 14 岁孩子或者曾经历过 14 岁的人来说，孩子们的品位受同龄人引导并不特别令人惊讶。然而，年轻人有关张贴和浏览图片方面的自我意识却令人不安。“值得注意的是，青少年们自拍时也是如此，”沃丹姆说，“青少年并不自己决定喜欢哪张照片，而是听从同龄人的意见。”

/ 照相损伤效应 /

当谈到强迫性的科技习惯时，拍照可能并不是最糟糕的。拍照时，如果你不盯着别人的眼睛看，至少你在用 iPhone 对着他们。但这种持续不断地去捕捉那一刻的需求，是如何改变我们实际体验那一刻的方式的——无论是当下，还是当我们试着回忆那一刻的时候？答案很有启发性。

我们拍照的一个主要原因首先是要铭记过去的某一刻，婴儿的降生、同学会、一个原生态湖泊。在“放空”项目的调查中，许多成年人认为，他们把照片作为“记忆辅助工具”，比如拍停车场中停车地点或者餐厅里的辣酱标签等，是为取车方便或之后购买同款辣酱。但这样做，事实上可能会损害我们的记忆力。

费尔菲尔德大学心理学教授琳达·汉高（Linda Henkel）研究了拍摄照片对人们体验和记忆的影响。她做了一个实验，让一组大学生参观该校贝拉明艺术博物馆。要求学生拍摄他们在参观中看到的物体，而对于其他事物，只需要简单地观察。第二天，她把所有的观察对象都带到了她的实验室，测试这些学生对参观中看到的所有物体的记忆。每当他们想起一件作品，她就问一些关于具体视觉细节的问题。

结果很明显，他们对自己拍摄到的艺术品的记忆都很少，也无法回忆起具体细节，而他们对没拍照，只纯粹观察的艺术品则能回忆起具体细节。“当你拍某样东西时，你就指望相机帮你记住，”汉高说，“你基本上潜意识里说‘好吧，我不需要再想这个了。照相机捕捉到了这种体验’。你不再参与任何能真正帮助你记住那些精心设计的或情感的处理，因为你已经把它外包给了你的相机。”

简而言之，如果你的相机捕捉到了这个瞬间，那么你的大脑就不用留意了。汉高为这种现象取了一个可怕的名字——“照相损伤效应”。

当然，如果你能完全活在当下，对每一个细节都非常敏感，像某个禅宗大师，你会记得更清楚。但这不是拍照的作用吗？更新我们的错误记忆？汉高并不反对将记忆外包给设备的基本前提，即外包的目的是解放我们的大脑来进行其他认知处理。问题是，汉高说，“我们不断地进行外包，从一件事到另一件事”。取代外包，我们可以把注意力集中在更重要的任务上，“但我们有着源源不断的下一个、下一个、下一个，而从来没有完全接受过我们当下拥有的任何经验”。

此外，汉高和她的学生凯特琳·帕里西（Katelyn Parisi）进行了另一项实验，以弄清楚当照片提醒人们某个时刻或某个物体时，人们的记忆会发生什么。尽管，在现实世界中，汉高准确地指出，“我们忙于拍摄，可后来我们实际上并没有看它们，因为照片实在太多了”。谁没有过把一大堆毕业照或旅行照上传到 Dropbox[①] 客户端，并制作一张专辑，但永远不再去看的经历呢？

这一次实验中，人们被要求拍两种照片，一种是只有展品的照片，另一种是他们与展品的合照。之后，汉高让受试者看了所有照片，然后采访了他们对所看到的内容的回忆。汉高说：“事实证明，它实际上改变了你对体验的回忆。”如果你在照片中，你变得更加远离原来的时刻，就好像你是一个旁观者，跳出来观

① Dropbox 公司成立于 2007 年，其在不同操作系统下都有客户端软件，并且有网页客户端，能够将存储在本地的文件自动同步到云端服务器保存。——译者注

察自己所做的事情。而如果你不在照片中，你会重回当事人角色，通过自己的眼睛重温体验。

拍照如何影响我们对自己以及所拍对象的理解，仍然要打一个很大的问号。但作为汉高的实验结果，他有一点可以肯定："相机虽然令人惊叹，却无法与大脑通过眼睛和耳朵的输入相提并论。它是人类信息处理系统的低级版本。"

如何拍照以增强记忆力

即使你不忍心面对一个充斥着照片的电脑硬盘，在汉高的实验中，也有一种方式不会损害记忆。回到博物馆之旅中，教授在研究中写道："当参与者放大拍摄物体的特定部分时，他们随后的识别和细节记忆不会受到损害，事实上，对没有放大的特征的记忆和对放大的特征的记忆一样强。这表明，这种专注的活动所引起的额外注意和认知过程可以消除'照相损伤效应'。"

挑战三：安排无照片日

你的任务：通过你的眼睛而不是屏幕来观察世界。今天绝对不要拍照。午餐、你的孩子、你的室友、美丽的日落，不要为这些拍照。没有猫的照片，照片墙的粉丝们会更酷。色拉布的粉丝呢？都在那里。每个人都好好的。我保证。

你们中的一些人，像我妈妈一样，每个月只拍一张照片，可能觉得这一挑战轻而易举。但不要沾沾自喜。你的苦日子即将来临，这可能比你想象的还要艰难。就像他们在出行中不看手机一样，许多人说，他们拍照片的方式比他们以前想象的要多也更没脑子。你的牺牲将得到回报。“当然，全世界都想看到我可爱的孙子和漂亮的孩子，”印第安纳的贝丝写道，“不过，我已经解放了24小时了！”

虽然“放空”挑战并没有设置奖项，但如果有人要获得“无照片日”奖，必须是凡妮莎·让。在她往返于她居住的威斯康星州南部农场和麦迪逊的办公室的一小时路上，她的绿色斯巴鲁汽车滑下了高速公路，掉入了一条雪沟。尽管她不得不在冰天雪地里等待了两个多小时才等到拖车，但她并没有失去完成“放空”挑战的决心！她写道：“我打了必要的紧急电话，发了几个短信让人们知道我没事，然后就安静地坐等拖车的到来。当然，我的本能反应是拍下一张水沟边被积雪覆盖的汽车照片并上传到照片墙上。或者拍一张很酷的照片，两小时的等待后，白天变为夜晚，警车的红蓝灯在我的后视镜中闪烁着，照亮了道路。但多亏了（放空）项目的挑战，我才冷静下来，全然接受现实，然后拿出我的笔记本，写下一个故事，讲述完美的计划是如何在路边的一条沟里终结的。”（配图是想象中的一辆绿色斯巴鲁陷入路边的一条雪沟里。）

不要认为，没有照片，你就没有灵感，不能以故事的形式来记录。如果没有照片来充实你的一天，你会觉得不舒服，不友好或者感到很无聊，这些都是可以接受的。试试用你的大脑而不是手机。除了你，没有人会“收藏”或“点赞”那里发生的一切。

挑战升级

现在，如果你真的想戒掉数字图像之瘾，避免照片扩散，那么你可以在社交媒体上查看图片，但不要“点赞”或转发它们，只是好好欣赏吧。

挑战三的评语

啊哈，今天的挑战是别拍照！！我今天要去做文身。是啊！猫文身！我为更新我的照片墙计划了好几个星期。我会请朋友帮我拍一张照片。这算是作弊吗？

——明

到了下午4:30，我忍不住拍了一张截图。我很抱歉，但我看到了自己最糟糕的一面，我忍不住。

——雷纳

我并不是一个每天都必须拍照的人，但不巧的是，今天我的孩子做了一件很滑稽好笑的事情（躲在一堆纸袋下，尽管我仍然可以清楚地看到他的后脑勺），不过，我还是忍住没去拍照。明天我会告诉我的孩子不要做任何搞笑的事。

——罗谢尔

我一直在思考，为什么我的自我意识和想象力在过去的一年里开始减弱了……现在我感觉好像从漫长的精神冬眠中醒来。我希望这不是突然的“控制感”带来的过早的兴奋，但如果感觉不好，那就见鬼去吧。

——大卫

上瘾

第五章

/

让人上瘾的 App

目前，沐浴时间已成为我们少数没有科技干扰的神圣时光。

——戈尔登·克里希那

孩子们又乖又安静地在床上睡着了，这是我家典型的夜晚，我开始调整自己。

我起初感到很兴奋，随即又感觉可悲。坦白而言，我知道我一整天都在期待着这一刻。然而我又讨厌被这个“游戏”困扰。

是的，没错。我有一份全职工作，也是两个孩子的妈妈，经常抱怨有太多事情要做。我甚至不能直接思考，不能停止玩愚蠢的手机游戏。我的罪恶感来源于一个叫《两点之间》的手机游戏，它像《糖果传奇》，但更好玩。

我从未沉迷于游戏（我想我是 20 世纪 90 年代大学生中唯一一个不玩《俄罗斯方块》的人），但是，出于研究目的，我决定下载《两点之间》来调查人们为何对游戏上瘾，就像一个尝试海洛因的记者，以便能理解吸毒者。

对于那些还不了解《两点之间》魅力的人，让我来大概介绍一下它。它是一个你能想象出的最简单的游戏，基于各种不同颜色的网格点，你只需要在任何两个相同的颜色之间画一条线来连接。听上去，这个游戏似乎很无聊。

但是那些小小的球想要用我的食指把它们连接在一起。它们在屏幕上愉快地向我招手，好像在呐喊“我们需要你”，看起来很友好。但是一旦连接上，它们就变得恐怖了。没过多长时间，我就上瘾了。很快，我在路上、在口腔诊所候诊室、在我的孩子上床睡觉后都在玩《两点之间》，我本应该沉思并听着他们的呼吸，感受一下我忙碌的一天。好吧，那不太现实。但至少可以倒上一杯葡萄酒，跟我的丈夫说说话。或者至少不应该将我本该睡觉，学习一门新语言或者做瑜伽或者做些别的什么事情的时间，花在连接那些愚蠢的小点上！

我不得不面对它：《两点之间》变成了我背上的猴子[①]。对游戏的欲罢不能使我完不成基本的事情，比如阅读、沟通、思考和放松。我想知道我是如何变成这样的，这个 App 如何吸引我，然后使我喘不过气。我知道我不是被这个问题困扰的唯一的人。

Flurry 统计数据分析平台是应用程序开发人员用来追踪超

① 俚语，意思为无法承受的负担。——译者注

过数十亿智能设备用户数据的一个几乎通用的工具。据报道，2014—2015 年，“全球移动设备上瘾者增长了 59%”。“常规用户”（每天使用应用程序 1~16 次）的人数增加了 25%，“超级用户”（每天使用应用程序 16~60 次）的人数增加了 34%。“手机成瘾者”被定义为每天打开应用程序 60 次以上的人群，是到目前为止增长最快的群体。即使是自 2005 年以来一直追踪移动设备使用情况的分析公司 Flurry，也被这一统计数字吓到了，其报告指出：“实际上很难相信手机成瘾者现在已经有 2.8 亿人之多了。”

即使你不会一天打开 60 次 App，但几乎每个人都有一个特别的 App，一个该死的 App，盗窃你的时间。我的许多听众告诉我，他们的感觉和我玩《两点之间》的感觉差不多。他们痴迷的应用程序从《部落冲突》到阅后即焚再到填字游戏五花八门。其中一个听众说，她会花很多的时间在品趣志（Pinterest）[①] 上看如何打扫房屋的小贴士，但又不真正去打扫房屋。“在《愤怒的小鸟》游戏狂热时，我的手机坏了，我之前玩过的数据都丢失了，我快崩溃了，”罗伯特写道，“这仍然困扰我。”顺便说一句，罗伯特不是小孩，而是一个有着工作、孩子和其他责任的成年

① 美国的社交网站之一，采用的是瀑布流的形式展现图片内容，无须用户翻页，新的图片不断自动加载在页面底端，让用户不断发现新的图片。——译者注

男子。

“放空”项目的参与者也以其他方式反映了Flurry统计数据的发现：移动手机“瘾君子”最常使用的是短信类和社交类App。但游戏、新闻、媒体娱乐和实用型的App也都具有相当高的使用率。这些App引发一系列强迫行为的原因是什么？为什么我们不能摆脱这些无聊的消遣呢？为什么花在这些应用程序上的时间是一种浪费？我们并非意志薄弱，也不是更容易选择容易分心的事情而不选择繁重的工作。这里存在一个推动者，这就是它的商业模式。

/ 让人上瘾的商业模式 /

数字经济在很大程度上是由应用程序设计人员构建的，这些设计人员非常善于制作我们想要一遍又一遍反复使用的东西。特别是让我们付出比金钱更珍贵的东西——时间和注意力。

数字产品设计师戈尔登·克里希那早前曾提到，只有科技公司和毒贩将其顾客形容为“用户”，克里希那在网上发表了一篇文章分析这一令人不安的趋势，随后又出版了图书，书名为《无界面交互》（*The Best Interface Is No Interface*）。克里希那的理论深深地吸引了许多像戴尔这样的《写给自己》听众的注意。戴尔描述了对“不断出现在自己面前的”技术的沮丧。对戴尔来说，这似乎是个魔鬼约定。他问道：“我需要交出我的眼球、我的注意力、我的时间，作为回报，我得到一些生活工具？”根据克里希那的理论，基本上是的。

在三星和 Zappos① 的创新实验室工作之后，克里希那目睹了对设计进行定义的历史性转变，即从“以一种优雅的方式解决人的核心问题”到添加了“有目的地让你上瘾”的特点。

那么科技行业呢？硅谷是不是充斥着坏人，他们想让我们失去理智，这样他们就能控制我们的一举一动？克里希那在他的书中对它进行了分解，并把责任归咎于大数据。他写道：“所有这类数据有一个非常不好的地方就是，组织可以对这些数据进行疯狂的分析，点击比快乐更容易测量。”

脸书、谷歌以及所有的大公司都使用数据来统计应用程序的打开次数或用户平均使用时间来评估它们的应用程序。因为它们使用这些指标来定义成功，所以公司自然而然地将资源倾斜于支持应用程序的使用，而不是“消费者的快乐或真正价值”上。设计师和开发人员在业绩压力下继续创新这些打扰人们的程序，我们对不断增加的各种新应用程序做出反应，由此形成一个恶性

① Zappos 是一家美国卖鞋的 B2C（企业对个人）网站，自 1999 年成立以来，已成长为最大的卖鞋网站，超过了亚马逊。——译者注

循环。

克里希那告诉我："不幸的是，取代旧媒体的新媒体使用的是同样的商业模式，因此，尽管我们谈论的是我们不停地被打扰，我们仍然在使用同样的理念即通过吸引眼球的广告来营销。"作为智能家居公司 NEST 的投资者，谷歌拥有一个庞大的研发部门，而脸书则收购了虚拟现实头盔制造商 Oculus VR。大型科技公司规划着多元化赚钱的方式。但是，克里希那说："这些公司在很大程度上是从你的时间中获得利润。"

"在这些大企业找到新的赚钱方式之前，"他说，"我们将被困在这种思维模式之中。"

崔斯汀·哈里斯（Tristan Harris）出售了他的创业公司 Apture，该公司向类似《华盛顿邮报》《纽约时报》《经济学人》的一些媒体公司和博客，提供一项能够将多媒体纳入其网页的服务。哈里斯同意当前流行的数字商业模式就是为了吸引人们的注意力。

2016 年前，哈里斯在谷歌担任设计伦理学家和产品哲学家，他对于技术如何利用我们的社交倾向并影响我们的行为进行了大量的思考。他将技术生态圈所发生的事情与食品工业的发展做了比较，食品工业的发展使得因我们对盐、糖和脂肪的偏好而产生的消费达到了数十亿美元。"这些是我们真正需要的三种成分，我们很感激，因为以前非常稀有，”他说，“现在我们的本能告诉我们这些东西真的很好，但我们的本能与滥用它们的环境之间存在着错位。”

哈里斯将常用的应用程序与饮料星冰乐做对比：16 盎司冰爽、奶油般的甜味，含有将近 500 卡路里的热量、20 克脂肪和 67 克糖，这些东西可以使我们的祖先在荒凉的大草原上至少小跑两个星期。就像无论花费多少钱或我们的腰围有多大，我们都天生渴望糖和脂肪一样，我们也渴望得到新的信息。与时俱进可以帮助我们生存下去，无论是远离一群迁移平原的新狮群，还是观察你的老板如何回应推特上的公众批评。“这是一个有用的偏见，”他说，“问题在于，在注意力经济中，每一个玩家——意味着每一个服务、每一个应用程序、每一个网站——都试图找出最好、最常用的方法来利用这种偏见。”现在，它不再是成功逃脱大型野兽后得以活着，而是在照片墙上获得点赞。

技术效应最明显的例子是短信应用程序和即时消息的总体设置。哈里斯说：“当我们给某人发消息时，默认情况下我们会打断他们，不管他们是否在专注做某事。只有一种方法可以得到消息，那就是即时得到消息。”

即时通信是现代生活的一个简单印记。然而，根据加利福尼亚大学欧文分校信息学教授格洛里娅 · 马克（Gloria Mark）的研究，这些不断引起我们注意的代价很高。她说："大约十年前，我们发现人们的注意力平均每三分钟在线上和线下活动之间转移，但是，根据最新数据，当人们在线上工作时，每 45 秒就会转移到线下一次。"

这不仅仅是工作效率或注意力集中的问题。马克的实验发现，越频繁转移注意力的人，压力水平也越高。她说，这一点尤其值得关注，因为现代化的工作场所容易滋生各种干扰因素。最受影响的人群是"信息工作者"，她说这个人群可能有做"单一（集中）工作的意图，但是如果他们的老板给他们发电子邮件或者他们需要及时处理邮件，他们必须不断回复电子邮件，因此他们的注意力会被频繁打断"。有什么方法可以支着儿？

"我认为，人们可以向同事发出信号，或者在网上发出以下信号，"她说，"'嘿，我正在做这个任务，不要打扰我，当我完成时，我会告诉你'。"

但是，你不能责怪你的同事、你的孩子或你的 Gchat[①] 伙伴。猜猜谁最能打扰你？你自己。马克的实验有一个术语"自我中断模式"可以说明这一点。

"从观察者的角度来看，画面是某个人正在打字，突然，没

① 为谷歌的聊天应用程序，已于 2017 年 6 月关闭使用。——译者注

有明显的缘由，他停止了正在做的事，转而去查电子邮件或刷脸书。这种自我中断的发生几乎和人们被外界干扰一样频繁。”马克说，“所以，我们发现，在受外部干扰非常高的任何一个小时，即使外部干扰的水平在下一个小时内降低，人们也会自我中断。”

换句话说，如果在一个繁忙的早晨你需要处理大量电子邮件，同时又有人在你办公桌旁驻足，你很可能会主动停下手里的工作。

哈里斯将马克当前所形容的状况描述为“一种新的污染，一种内在的污染”。即使像哈里斯这样一直在思考问题的人，也不能幸免于数字化的诱惑。在我们谈话之前，他承认他已经检查了他的电子邮件和新闻应用程序“20 多次”。没有谁能逃得掉。

基于他在硅谷创业的个人经历，哈里斯真正担心的是：我们失去了反思、克制和专注的能力。他告诉我：“我走进一家网络出版商的办公室，对方说‘我们可以把你的用户在你网站上花费的时间增加一倍或两倍’，这是我作为一个创始人所面临的道德难题，这也是我对这个问题非常关心的原因。”对于任何新兴的高科技企业的创始者，这种难题的本质是，你筹集资金的能力基于你可以成倍地增加用户数量。

为了改变“我们衡量成功的方式”，哈里斯开始研究他所谓的“设计伦理”。对话和实践可以将我们的技术控制权还给“用户”，由此增加我们花在数字设备上的时间价值。作为这个他称之为“时间花的值得”运动的一部分，他举办了一场小型设计师聚会，分享最佳实践、新形式的激励措施以及“衡量他们对人们生活有积极贡献”的产品。

这是一个衡量成功的真正指标，哈里斯认为。2007 年，爱彼迎的前身——一个全球各地的人们可以在上面找到免费入住的网站沙发客（Couchsurfing），在“两个人的生活之间创造受益时间”中取得成功。该网站对沙发客和主人一起度过的时光进行了调查，调查他们的感受以及这段经历的积极方面（例如“你们在一起玩得开心吗？”）。根据调查统计结果，两个人最初花费在搜索文件、发送信息和网站上停留的时间，被认为是负面的，因为“他们并不认为这对生活有所贡献”。因此花费的那部分时间应从获益中去除。“如果没有找到沙发客，那么剩下的受益时间也是不存在的”。

Tinder 是一款约会应用程序，衡量其成功的标准是，2016 年其每天平均获得 14 亿次点击量，而不是促成了多少灵魂伴侣。我对此并不乐观。

哈里斯认为，我们如此专注于应用程序，以致已经忽略了原来的目的，所以应该行动起来，而不只是持悲观态度。他将科技行业与许多其他行业相提并论。这些行业包括低卡路里食品和银行业掠夺性贷款。他说:“我讨厌这样说,但如果你屈服于世界的默认设置,它们就是为了利用你而设计的。一切都需要警惕。”

为了从像《精灵宝可梦 GO》[①] 这样的游戏中夺回我们的注意力,哈里斯倡导一种类似于有机食品运动的政治立场,当时消费者对大规模农业生产的非预期、有害的影响感到愤怒,要求制定新标准。成功的标准与用户最初目标的实现应该相一致。和远方的朋友联系,你有没有感觉放松?你发现一种装饰厨房的新方法了吗?哈里斯认为,网站和应用程序的奖励标准应该围绕着这个问题的答案展开:“不管人们在寻找什么,他们都得到了吗?”

听起来不错。但无债务的大学生涯,零污染的家园,还有很多其他伟大的社会愿景,这些都很难实现。哈里斯说:“最重要的是承认这是一场不公平的竞争。一方面,人们都试图用大脑前额皮质来集中注意力,这是百万年来负责调节注意力的部位。另一方面,屏幕另一端的 1 000 名工程师,他们的日常工作就是要打破这种情况,让你无止境地分心。”

---

① 《精灵宝可梦 GO》是由任天堂、口袋妖怪公司和谷歌联合制作开发的现实增强(AR)宠物养成对战类 RPG 手游。——译者注

野兽之腹——对《两点之间》创作人的访谈

大卫·豪斯也许不是个坏人。（实际上，他是一个非常好的人。）他是《两点之间》背后的天才之一。这个游戏让我玩上了虚拟弹跳球，而不是阅读文学作品，烹饪健康菜肴，或睡个好觉。2014年上线一年后，该游戏产生了近50亿场比赛，获得了1 500万美元的收入。在苹果应用程序商店最赚钱的游戏中排名第86位，而且它还在继续成长，这可要归功于像我这样的上瘾者。下面是创建者关于他的游戏“985个上瘾的乐趣”的访谈。

曼诺诗·左莫若迪：实际上我对你很生气，因为这个游戏让我变得很疯狂，而你是背后的关键人物！当你设计这个游戏时，大脑里在想什么？

大卫·豪斯：你如何用一个圈或者生活的感受或者线条来创造生活？我发现这些东西超级强大。创作《两点之间》是我在益智类游戏方面的第一次尝试。我想，我需要做出能难倒我的东西。如果这对我来说真的很有挑战性，并且我能打败它，那么其他人也能打败它。不幸的是，花了几百个小时制作了许多游戏关卡后，我玩得有点太好了，所以我发现一些高难度级别的关卡对其他玩家来说是不可能通关的。

曼诺诗·左莫若迪：我完蛋了，因为《两点之间》似乎占领了我生活中所有的空闲时间。

大卫·豪斯：这正是我们要做的那种游戏。拿游戏设计本身来讲，你有五条命，你输一次，就失去一条命。一旦这五条命都输光，你必须等待 20 分钟才能继续游戏，否则你得付钱购买生命。我们并不指望从用户购买生命中赚到太多钱，它的目的是强迫人们克制。它可能会创造出一种在日常生活中品尝芝士蛋糕的感觉，如果你吃了所有的芝士蛋糕，你就不会再想吃。这就是限制这些游戏在你的大脑中创造的感觉，一种比实际更为特别的感觉。

曼诺诗·左莫若迪：但玩《两点之间》时，我觉得我把所有的创意和做白日梦的时间都交给了你。

大卫·豪斯：这取决于个人是否足够聪明。如果你不够聪明或自律，你就是在从自己身上偷取一些非常强大的东西。对于我来说，作为一名创意人和游戏制作者，我想用一半的时间来充实我的小时刻，排队买咖啡的时刻，玩像《两点之间》之类的游戏，拥有一个真正愉快的体验，而不用因为排队而烦恼。而我想让其余的时间变得有点无聊，这样我就能想到下一个我想做的游戏。

曼诺诗·左莫若迪：你是否承认，为了获得成功，你操纵着我们一遍又一遍地玩这些游戏呢？

大卫·豪斯：大多数人认为上瘾是负面的。但在手游领域，上瘾是被拿来炫耀的。商家兜售的正是上瘾。他们关心的是在 iTunes（苹果的一款免费数字媒体播放应用程序）上的收入如何能够继续攀升。对他们来说，让用户上瘾是一件非常好的事情，因为他们希望看到销量不断上升。他们希望看见用户会话次数与日俱增；他们希望看到用户玩游戏的持续时间节节攀升。作为游戏设计师，我们也有同样的期望，但我们非常关注使用的策略，因为我们知道如果制作的游戏过于卑劣，我们的感受也不会好。我们真的做了一个非常棒的游戏，或者我们只是用最肮脏的策略欺骗人们去玩这个游戏——很多人都使用这样的手段，不仅仅是在游戏领域，大量的软件这样做，网站这样做。而我认为用户足够聪明，当他们意识到自己已经被游戏里过多的推送通知或其他低俗的手段欺骗时，会删掉它。

曼诺诗·左莫若迪：业界是否有人在讨论数字媒体可以通过吸引我们眼球以外的方法来评判？

大卫·豪斯：我不认为。现在业界基本上都想成为下一个“照片墙”，获得 10 亿用户，并将公司出售给脸书，以获得来自全球的资金。对于很多科技初创公司来说，这是一个动力。并没有上万人能用一种非常有意义的方式来使用你的应用程序。

曼诺诗·左莫若迪：你不喜欢在游戏中使用的策略是什么？

大卫·豪斯：我不能忍受的是通过不断地检查更新来获得游戏奖励。他们希望你每天在任何地方都会打开这个应用程序，每天五次以上。所以每隔几个小时，你就要去检查一下那些应用程序。比如你打开手机查看天气情况，查找如何到达瓦里克街 16 号，打开工作邮箱时，你都不忘顺便打开这个游戏并点击一些内容以获得某种回报，通常是虚拟货币，就像游戏《农场英雄传奇》中的虚拟南瓜一样。

曼诺诗·左莫若迪：听起来这很愚蠢。就像，谁会在乎一个虚拟的南瓜？但是，某些方面它变得非常有意义。

大卫·豪斯：游戏如此难戒，为何它们仍然存在了这么长时间，并且一直延续？我认为部分原因是，游戏上瘾是衡量成功的一个标准。

曼诺诗·左莫若迪：如果上瘾是成功的标准，那么我可以说《两点之间》已经成功了。

大卫·豪斯：数据非常惊人，在过去的七天里，《两点之间》已经产生了一亿场比赛，有 1/3 的比赛发生在第 35 级。（第 35 级是水下关卡的最后一关，也是豪斯设计的另外一个阶段的第一关。）有些人已经玩这关上百次了，他们还是被卡住。这时你会说，“我的天啊，我们都做了什么”？

/ 电子游戏对我们的大脑有好处吗？ /

那天我错过了地铁，因为我埋头专注于玩《两点之间》，与我的孩子睡觉前的亲子时间也因此少了 15 分钟，我想说服自己玩这个游戏是为了在下班后帮助我减压，并改善我的空间推理能力。

豪斯认为玩数字游戏能带来实实在在的好处。“承认吧，我这样的游戏玩家，类似于运动员在做体育运动时，有能力做出非线性的决定，或者提前五六步进行前瞻性思考。”他不认为在《黑暗之魂》[①] 中取得进展与完善你的网球发球技巧或写首抒情音乐之间有什么太大的区别。

根据 2015 年的一份皮尤报告，大概一半的美国成年人“在电脑、电视、游戏机或手机等便携式设备上玩电子游戏”。这么

① 《黑暗之魂》是一款动作角色扮演游戏，《魂》系列凭借着标志性的高难度关卡和扎实的动作要素，吸引了大批忠实粉丝。——译者注

多人玩游戏，而且我们对此并没有确切的感受。该报告指出，“公众对游戏以及游戏玩家的态度是复杂的，往往是不确定的”。事实是，我们不确定《两点之间》这样的游戏对你来说是好还是坏（或者仅仅是浪费时间），因为这个问题并不容易回答。

当然，除了射击游戏、角色扮演游戏，以及脑策略游戏，还有很多不同类型的游戏。但这并不能简单地就把 CogniFit① 的《CogniFit 大脑健康》游戏归为好游戏，把《侠盗猎车手》② 归为坏游戏。威斯康星大学麦迪逊分校的肖恩·格林博士（Dr. C. Shawn Green）和加利福尼亚大学河滨分校的亚伦·塞茨博士（Dr. Aaron R. Seitz）在 2015 年的一项研究中发现：“动作类电子游戏有助于改善注意力技能、大脑处理和认知功能。”但这样的游戏必须有“快速移动的目标进出视野，同时伴随大量的混乱……要求用户做出快速、准确的决定”。

不幸的是，《两点之间》没能做到，大脑训练游戏也不能做

① CogniFit 是一家医疗保健公司，成立于 1999 年，旨在评估和改善认知功能的健康。CogniFit 目前是这个市场的领导者，被国际科学界认可和推荐使用。《CogniFit 大脑健康》是一款 iOS（苹果的移动操作系统）平台的应用，是一个大脑训练软件。——译者注

② 《侠盗猎车手》是美国游戏公司 Rockstar Games 开发的以犯罪为主题的世界著名游戏。该游戏在黑帮的背景下，混合了驾驶、枪战、格斗等元素，受到很多游戏玩家的欢迎。——编者注

到。研究人员认为，大脑训练游戏“通常极少体现和改善与认知相关的电子游戏的特质”。事实上，2016 年，非常流行的大脑训练应用程序 Lumosity 的设计公司 Limns Dibs 同意支付 200 万美元来了结联邦贸易委员会对其欺骗性广告的指控。“Lumosity 抓住了消费者对与年龄相关的认知能力下降的恐惧，它的广告暗示该游戏能够避免记忆力衰退、痴呆，甚至阿尔茨海默病，”联邦贸易委员会消费者保护局局长杰西卡 · 里奇（Jessica Rich）说，“但 Lumosity 根本没有科学证据来支持它的论断。”

扎克 · 汉布里克博士（Dr. Zach Hambrick）多年来一直在为手机游戏在改善大脑功能方面的效果不佳寻找证据。作为密歇根州立大学认知心理学教授，他测试了认知能力比如问题的解决，与手机游戏之间的相关性，“我们还没有找到证据”。汉布里克承认自己不是“电玩家”，却为此专题撰写专栏文章，同时他也是签署反对大脑训练行业批评信的 70 位神经科学家之一。

“如果你常玩《吃豆人小姐》（*Ms. Pac-Man*）游戏，那么你一旦玩《吃豆人先生》（*Mr. Pac-Man*）会玩得更好，”豪斯总结说，“玩电游像穿越迷宫一样会越玩越好。但是，它在实际工作中不会让你变得更好，比如填写税表。”

因此，电子游戏可能不会让我们变得更聪明，更好地处理自己的税务问题。但是，它们能帮助玩家减缓抑郁和焦虑吗？

帕洛阿尔托未来研究所的游戏研发总监简·麦戈尼格尔（Jane McGonigal）表示，电子游戏可以做到这一点。

在攻读博士学位期间，麦戈尼格尔开始对集体想象力和智力产生兴趣，她认为，数十亿人每天花费一小时玩电子游戏能产生集体想象力和智力。因此，她制作了许多电子游戏，包括刚刚完成的《简的脑震荡杀手》，以帮助自己摆脱脑震荡的困扰。玩家们开始对她的原版游戏进行改编，比如从应对糟糕的分手、减肥问题到找到一份新工作。这款游戏随之受到更多人的欢迎，从最初的只有一套规则和目标的简单游戏（包括日常任务、连接盟友、收集特殊力量和对抗坏人），变成了一个由近百万人使用的应用程序，这个程序能帮助用户迅速应对现实生活中的问题。麦戈尼格尔把她的游戏改名为《游戏改变人生》（*Super Better*），并把它写成了一本书。她说："我们习惯于把玩游戏视为愚蠢的事情，但也许恐惧感和自怨自艾才是我们最应该不屑一顾的愚蠢事情。"

为此，她引用了著名心理学家和游戏专家布莱恩·萨顿–史密斯（Brian Sutton-Smith）的说法。布莱恩认为游戏、玩的反面不是工作，而是抑郁，他把游戏的本质定义为"一个不必要的障碍"，即你试图实现的目标比你需要实现的目标更加困难（想想高尔夫，球员们试图用棍子把球打到大球场的一个小洞里）。麦戈尼格尔解释说，通过游戏，我们能够改善某些东西（任何东西！），能够体验到兴奋、活力和成就的骄傲。由于拥有积极乐观的感受、归属感和共同话题，玩家常常发现在游戏中与其他人的交流比在日常生活中与他人的交流要容易得多。“因而扭转了乾坤，”麦戈尼格尔说，“在现实生活中与他人相处困难，缺乏活力，对自己成功的能力感到悲观，这些实际上都是抑郁症的表现。”

最近，科学结论已经开始支持玩游戏的好处，而这种好处我们凭直觉就能看到。利用功能性磁共振成像技术，科学家发现抑郁症和电子游戏相互对立，尤其在神经学方面。当我们抑郁时，大脑中的两个区域会长期缺少刺激，而当我们玩电子游戏时，这两个区域又会得到长期过度刺激。“这是我现在要理解的最重要的事情之一，因为这解释了为什么许多人抑郁和焦虑时喜欢玩电子游戏。它还可以有利于我们理解如何更有效地使用游戏，才能帮助抑郁症患者直面现实，在现实中获取额外的动力和乐观情绪。”麦戈尼格尔说。

那为什么还有这么多的科学研究反对电子游戏？就像对咖啡和酒精效果的研究一样，新闻报道今天是表扬，明天就变批评了。难怪美国人不知道他们对玩游戏的感受如何。麦戈尼格尔也发现了这个矛盾，她的书《游戏改变人生》对近 500 个同行评议的关于游戏如何影响现实生活健康（身体、情感、社会、专业和学术）的研究进行了综合分析。其中一半的人发现，电子游戏会导致抑郁、社交孤立、糟糕的成绩和吸毒，而另一半人则恰恰相反，他们认为经常玩电子游戏会让人更快乐，有更牢固的人际关系，更少吸毒，在学校成绩更好，等等。“它们都是经过同行评审，发表在科学刊物上的伟大研究报告，”麦戈尼格尔说，“对过去十年来的许多游戏研究人员和开发者来说，令人困惑的悖论是如何理解这些分歧。”

麦戈尼格尔则认为，衡量电子游戏是否影响人的生活和心情的“关键指标”是，玩家“是否认为游戏与现实存在着有意义的关系”。

“当你玩游戏时，你是否与平时不同？你以为自己在另一个现实中吗？”她问道，如果答案是肯定的，“那么你是把游戏作为一个拐杖，但这根拐杖并不能帮助你跨越游戏世界与现实世界之间的鸿沟。所以现实生活越糟糕，你玩游戏越多，玩游戏越多，越想逃避现实中的问题，直至形成恶性循环。”麦戈尼格尔说：“解决这个矛盾的关键在于享受或认同游戏中的行为，这样，当你不再玩游戏时，你会继续爱和享受它们。”

玩“短时间爆发”的电子游戏，可以提高情绪和恢复体力，然后以更积极的状态回到日常生活中。麦戈尼格尔鼓励人们玩电子游戏时定好计时器。设置玩游戏的特定时间，可以避免过度玩游戏以及逃避现实生活，设定的时间长短不同对大脑也会产生不同的影响。例如，为了让你的游戏更有禅意，把你的计时器设置为 20 分钟。“许多视频游戏已经被证明在大脑状态的转换方面与冥想有着非常相似的效果，”她说，“所以如果你想让自己的身心平静下来，并且能保持正念地回到现实世界，建议玩游戏的时间为 20 分钟。”想要压制欲望，停止焦虑，或者消除无益的反复思考？你的计时器要设置为 10 分钟。“研究发现，如果你想控制食量、戒烟或戒毒，玩 10 分钟特定类型的游戏非常管用。”麦戈尼格尔说。为了保持健康并且不陷入逃避现实的负面情绪中，她解释说：“你必须知道游戏的剂量就像你知道服用两颗布洛芬（止痛片）而不是两百颗一样。”

自律不仅是玩电子游戏能获益的关键，而且是心理正强化的另一种形式。和其他行为一样，冥想，坚持每日慢跑，坚守个人承诺，不管多小的事情都可以大大地增强自信心。

另一个玩游戏的重要健康方法是不要苛责自己决定花在玩游戏上的时间。“用这些游戏来让自己不焦虑或抑郁的想法是可行的，”麦戈尼格尔说，“举个例子，为了减轻儿童和成年人在外科手术前的焦虑，玩手游的方法越来越受欢迎。”她认为：“如果玩游戏能够减轻我们的痛苦，并且不影响我们接下来的行动，那么它就不应该被看作一种消极的干扰，而应被当作一种真正有效的方式。电子游戏及对其的研究让我们现在更好地理解了很多非药物也能改变大脑状态的方法，这是它们送给人类的一份礼物。这个礼物是一个负担得起的工具，几乎没有副作用。”

唯一的副作用是，如果你不能通过计时器或者其他方式来控制玩游戏的时间，那么玩游戏就会让你上瘾，上瘾会让它本来要解决的所有问题变得复杂和困难。然而，麦戈尼格尔反对这种人们普遍认为的成瘾概念。“成瘾科学正在经历一场不可思议的彻底再造，”她说，“这一领域正在发生变化的是关于成瘾性疾病模型，即成瘾性物质的观点，如可卡因或酒精，会对我们的大脑产生某些影响，使其不可逆转地恶化。因此，以同样的标准来看待其他事物，比如社交媒体、手机和电子游戏，只是因为它们激活的大脑区域与服用成瘾性物质激活的大脑区域相同，就认为这些事物是成瘾性物质，这是错误的。”

根据麦戈尼格尔的观点，新的主流理论认为上瘾不会“损害大脑”。当一个人上瘾时，他们的大脑像“健康的”大脑一样工作，都是为了达到快乐和积极的结果。“上瘾”的唯一问题是，它让人陷入一种墨守成规的状态，只从一种特定的，往往又是有害的刺激中寻找快乐。“对一些人来说，这种刺激是一种物质，例如毒品，对另一些人来说，也许是一个他们爱的人。它是在大脑奖赏回路中被固定的东西。”麦戈尼格尔说，“有些人确实把太多精力放在了电子游戏或社交媒体上。遵循这一逻辑来对抗上瘾，则可以为大脑提供另一种满足的来源。你需要做的是扩大你的大脑对其他事物的认知，这些事物会以同样的方式激活你的大脑。”她鼓励玩家在屏幕外的生活中思考和谈论电子游戏，不要光想在游戏中射击机器人多厉害，要思考自己是否培养了在短时间内专注的能力。

所以，当我抱怨《两点之间》具有一种令人上瘾的能力时，麦戈尼格尔告诉我“没有这样的事情”。相反，她主张用“上瘾的状态”来表达，让我从其他地方寻求快乐。如果有人打电话求助，或者我要做采访，我就会很容易停止连接方块，如果我面对的是一堆要洗的脏盘子，就没那么容易了。她说：“不能光说我们不能，这样太幼稚了。你停不下来，是因为你更喜欢这个状态。”

麦戈尼格尔不只是谈游戏，她也玩游戏。她每天玩《糖果传奇》大约五分钟，玩了好几年，现在打到了第 894 级。她说：“我非常喜欢这个游戏。虽然与手机屏幕蓝光干扰睡眠的科学理论背道而驰，但我仍然选择临睡前玩几分钟。”这位拥有 18 个月大的双胞胎的妈妈说：“孩子们晚上 7 点半左右睡觉后，我马上回到工作中直到睡觉。睡前，我必须把我的大脑从过度高效、稍微焦虑的模式转换到不去想我必须做什么的模式。《糖果传奇》提供了完美的过渡。这是一款让你只专注游戏，注意不到其他任何事情的游戏。”她又说：“简而言之，玩上一两个回合，我的大脑就有效地摆脱了那些可能让我躺在床上翻来覆去想的事情。”

甲之蜜糖，乙之砒霜。麦戈尼格尔表示：“我建议那些沉迷于游戏的人们，应该关注他们真正喜欢的游戏的抽象品质，以便他们能够在现实世界中的其他方面找到它。”

然而，对玩电子游戏上瘾的人，汉布里克则有非常不同的建议。

“联系你的治疗师。”他说。

当我与《两点之间》的创作者大卫·豪斯提到这个问题时，我惊讶地发现他也放弃了某些游戏，因为他也对这些游戏上瘾了。“哦，是的，”他说，“我一直停不下来。”比如,《魔兽世界》，这个大型的多人在线角色扮演游戏太令人上瘾，甚至有一个叫魔兽瘾（Wowaholics）的匿名组织来“帮助那些受到《魔兽世界》负面影响的玩家”。在游戏还处于测试阶段时，他就玩了，但在游戏发布后就再也没有玩过。豪斯解释说，“因为我知道，如果我接着玩，它将占领我的生活”。

/ 给自己制作警告标签 /

大卫 · 约尔格（David Joerg）是一名软件开发人员。他支持宵禁，并不是因为他是两个小女孩的爸爸，而是因为他在电子游戏方面也有沉迷问题；尤其是在晚上。

大卫的毒药是《星际争霸》（由负责《魔兽世界》的同一家公司开发）。大卫的故事可能听起来很寻常。在孩子们睡觉之后，他习惯用自己喜欢的游戏来放松身心，他说："有时候我会买一桶能多益巧克力酱、一些饼干，也许还有一瓶波特酒，也许是三选一，也许是全部。然后就是派对时间了！"

听起来不错！但是随着夜晚的到来，他的妻子已熟睡，《星际争霸》似乎变成了一种义务而不只是消遣。到凌晨 1 点 30 分，大卫还没有睡，他心想，这太可笑了。但是，如果他还没有赢得一场比赛的话，他就舍不得去睡，可他总是输。所以，一眨眼，凌晨两点了，他虽已身心俱疲，但还想再玩一局。终于在凌晨三点，大卫关掉游戏。他睡了三个半小时，在 6 点 35 分起床。他说，"第二天我就会被摧毁，像个僵尸一样蹒跚而行，迟钝笨拙"。

如果这只是偶发状态还行，但大卫的"狂欢"持续了好几年，尽管他曾多次试图摆脱这种状态。设置计时器根本不管用。他说："我设置了一个日程提醒，每天晚上 10 点要上床睡觉。我试图为自己制定规则，并且写下打破这些规则的诸多借口，以便提醒自己这些借口有多蹩脚。我写下第二天要完成的事情，并制订一个睡眠计划，甚至准备了一个睡眠追踪器。”这些办法大概能奏效两周，然后就又不起作用了。

最后，当他快要因睡眠不足而崩溃时，大卫求助于软件开发人员创建了一个“可以打败我的系统”。

以下是他的做法：

他将睡眠追踪器连接到电脑，以便晚上 10 点宵禁时间开始时约束他。

一旦宵禁时间到来，他的电脑浏览器（包括他的电子游戏）会自动关闭，直到第二天早上 6 点。

他不再作为自己电脑的系统管理员，因为，“如果我有密码，我就可以重写系统”。

他在五张纸上保存了一个新的，特别长的密码，并把它们放在难以拿到的地方，比如，在办公室对面的商铺里，女儿的存钱罐里，在妻子床头柜的抽屉里。“她是一个睡眠特别浅的人，如果我偷偷溜到床头柜去偷它，她一定会跳起来，打我的手。游戏结束。”

大卫的目标是平均每晚睡七个半小时，而且他精心制作的系统已经实现了。但是，哇，当你看到一个人需要付出如此的努力才能抵抗电子游戏对睡眠的剥夺时，那真是有一点可怕。

尼尔·埃亚尔（Nir Eyal）是电子产品市场专家，也是《上瘾：让用户养成使用习惯的四大产品逻辑》（*Hooked: How to Build Habit-Forming Products*）一书的作者之一，他说："我非常了解习惯形成甚至上瘾的技术，所以，不会接触这些东西。我曾经在游戏和广告行业工作，现实是，这些行业是基于精神控制而生存的。"

埃亚尔谈论的并不是通过点的模式传递的潜意识信息，而是将心理学理论构建到产品中去，如"天赋进步效应"。这个效应描述的是当我们越接近目标时，我们越会努力，以最终实现目标。大脑更有可能追求完成它认为接近完成的事情。领英（LinkedIn）上的进度条显示你距离下一个完美的简历只有几步之遥，以及再养一只《猫咪后院》（*Neko Atsume*）游戏中的猫，就是开发者鼓励人们留在应用程序、网站或游戏中的两个例子。

这种操纵是数字时代的基本生活规则，但是埃亚尔认为公司至少应该承认自己的策略，尤其是因为，与过去不同，让人上瘾的产品的开发者现在能够帮助他们伤害的人。他说："让我们面对现实吧，这已经不是什么新鲜事，上瘾已经存在很长时间了。公司可能会举手反驳：'这不是我们的问题。我们如何知道谁在滥用我们的产品？'”但今天，这些公司知道。无论是《两点之间》《糖果传奇》，还是脸书和推特都能精确地知道用户有多频繁地使用它们的产品。

埃亚尔说：“也许，它们收集我们所有的数据资料是件好事。”

我们应该区分成瘾和习惯形成（把前者定义为“伤害了停不下来的用户”，而将后者定义为“仅通过调节使用就可以改变的负面行为”）。埃亚尔说，绝大多数人都属于第二阵营，“通常的情况是，当《笨鸟先飞》（*Flappy Bird*）、《农场物语》（*Farmville*）或《两点之间》游戏突然爆红时，我们都一窝蜂地去玩。当我们发现这些东西并不会让生活变得更好时，大多数人又会删掉这些程序”。有一小部分人不能面对诱惑，就像那些无法面对酒或美食诱惑的人一样，他估计这个比例占所有用户的 2%~5%，虽然这个数看起来很小，但埃亚尔仍然主张“使用与滥用”政策，建议将数字产品标记为具有潜在上瘾风险的产品。

你不用成为专家也会知道，我们不必在《两点之间》上标注类似“吸烟致死”的警告标签。在此之前，我们唯一能做的就是创建我们自己的警告标签，每当我们下载、升级或打开任何数字产品时，可以问问自己这个由埃亚尔提出的简单而基本的问题：“这个产品是在为我服务还是在伤害我？”

让孩子们放下游戏手柄

雪莉·特克尔在她的《重拾交谈》一书中引用的一个统计数据是，超过40%的青少年从不关机，无论是吃晚饭、做家庭作业还是参加宗教仪式，甚至是睡觉时。青少年总是喜欢熬夜，而他们平均每天应该比目前的实际睡眠时间多两个小时。当然，有很多种原因。公众普遍认为，高中生应该在早晨晚些时候开始上课，因为他们的生物钟会延迟。但是，现在智能手机才是导致他们睡眠不足的一个主要因素。

18岁的泰米塔约夫·范格本尔（Temitayo Fagbenle）是纽约公共广播电台无限新秀节目中的年轻记者之一，他非常有才华。他用第一人称描述了科技如何破坏孩子们的睡眠："我会在深夜3点左右醒来，是的，我只会刷照片墙或脸书，'如果你醒了就双击'。或者，'如果你起床了就点赞。谁想聊聊？'"

这也是我众多听众来信中的主题。他们想知道如何限制儿童玩数字产品，主要是电子游戏、社交媒体和应用程序。（第七章将会在技术和父母方面更加深入地探讨这个问题。）当谈论到手机游戏时，美国人普遍对此感到困惑，尤其是父母。他们应该让孩子玩电子游戏吗？如果是的话，玩哪个以及玩多长时间？

游戏专家和冠军麦戈尼格尔认为，对于孩子来说，就像成年人一样，重要的不是玩什么游戏，而是如何玩。为了引导孩子们不成为使用游戏来逃避现实生活的玩家，而是成为更自信、更专注，更善于社交、更有创造力地解决问题的人，有一件事情是父母永远都不应该做的。她说："不要因为孩子们玩游戏而感到羞愧。"

这意味着永远不要说诸如"停止浪费你的时间，去做一些真正的事情"。轻视孩子最喜欢的电子游戏不会让他们停止游戏，只会"培养他们逃避现实的心态"。相反，与孩子们交流"你怎么玩？""游戏难点在哪？""什么东西很酷？""如何在游戏中变得更好？"这些问题是有益的。麦戈尼格尔说："仅凭这种谈话，就能够真正改变年轻人的能力，使他们能够将所有这些充满斗志的优势带到学校、体育、个人关系以及自己身上。"事实上，有一个听众在推特上告诉我，他认识的一对父母听到我和麦戈尼格尔的讨论后，向他们的儿子道歉，因为他们指责他玩电子游戏。"这是一个'愈合'时刻，"听众写道，"现在那个孩子决定大学主修计算机科学专业。"

至于麦戈尼格尔为孩子们推荐的游戏，她说："任何游戏都需要你学习理解它的规则、机会和资源。任何游戏都具有挑战性。"这包括《使命召唤》（*Call of Duty*）这类射击游戏吗？麦戈尼格尔表示，她不玩必须"杀死生物"的这类游戏，所以也不鼓励其他人玩。"但是对于那些喜欢这类游戏的人来说，有很多证据表明，当你和现实生活中的人一起玩时，无论是在团队中，还是在家里和朋友们一起，都有很多认知、社交和情感上的益处。"

然而，关键是要与你认识的，和你有真正联系的真人玩耍，即使他们在全国各地。正如麦戈尼格尔所解释的那样："当你和不认识的匿名线上游戏玩家对战时，我们在第一人称射击游戏世界看不到这些好处。"这是因为当对手是匿名玩家时，玩暴力游戏会产生负面影响。她解释说："这个原因导致了互联网上火药味十足的战争和许多恶意的挑衅。当你不认识对方时，你不会考虑任何打败他们的社会影响。当你赢了时，也得不到什么益处。"这也可能导致玩家变得越来越有侵略性和不友善。

麦戈尼格尔把玩家们最终出现的这种现象称为"睾丸素

中毒”[①]，这是一个可怕的概念。但是，有一个简单而直接的方式来治疗。“如果你确实喜欢这些游戏，你就要花费至少一半的时间或更多的时间和你认识的人一起玩。”

对于所有游戏，她建议通过提问来帮助孩子们在屏幕上和现实生活之间建立联系。是的，把这个加入你的现代育儿计划中。她建议父母问问他们的孩子，自从开始玩游戏以来，孩子们更擅长什么。但是，这个问题的重要方面是获取孩子们的抽象技能。所以，如果你的女儿回答“我能把这只鸟挂得更好”，或者你的儿子说“我真的擅长使用这种力量”，你必须深入挖掘，才能推动孩子越过具体任务，获取背后更大的技能，如“我发现尝试不同的策略有助于通关”。我儿子第一次参与睡衣派对后，我尝试了这个方法。当我问他怎样才能擅长和伙伴们玩游戏时，他很激动，也热情地回答了我，“你必须认真思考，集中注意力”！

“如果他们能够谈论这些抽象的东西，那么通过游戏来建立一个积极角色，会怎样呢，”麦戈尼格尔说，“那些技能、资源和能力仍然存在于游戏世界之外的大脑中，作为父母，培养孩子这方面的能力非常重要。”

① 睾丸素中毒是一个贬义的新词，指的不是实际的中毒，而是对男性行为刻板印象的负面看法。——译者注

挑战四：删除频繁使用的应用程序

当我想到尼尔·埃亚尔的问题，“这个产品是在为我服务还是伤害我？”，我知道是时候删除《两点之间》了。然而这个过程简直一言难尽。首先我要检查一下我所处的级别（完美地说明了在触发、操作和奖励步骤之后上瘾模式进入投资阶段）。然后我不得不为那个级别哀悼。那可是三位数的级别呀！

我长按那些 App，看着它们颤抖，终于拇指移到了《两点之间》的图标上，又犹豫了一下，才点下去。这样，那个填满我生活裂缝的它没有了。

如果我能做到，你也可以。

今天的任务是：删除那个让你上瘾的应用程序。不仅仅是游戏，还包括社交媒体。（我知道，对于你们中的一些人来说，删除脸书或推特的想法几乎比死还糟糕，但放心，你会活得好好的。）这个可以删掉的应用程序可能是任何东西，比如，天气应用程序、维基百科。你知道哪一个是你的负担。你用得太多的那个。你用来逃避现实的那个应用程序，往往以牺牲其他事情（包括睡眠）为代价。那些让你感觉不好的，形成坏习惯的应用程序，通通卸载。

挑战升级

你如果想进一步改正你的习惯，就不要只删除应用程序，也要删除你的整个账户[①]。曾有人告诉我，他们把脸书和推特从手机上删除了，但是在总统大选之后，他们彻底删掉了账户。没有人要求你必须这样做。但如果没有这些应用程序，你发现自己生活得更好，你就可能要考虑一下了。记住，选择的权利，掌控在你的手中。

对于《写给自己》节目的那些听众来说，这是参加“放空”挑战以来，迄今为止最困难的挑战，包括我自己。正如大学生桑德拉所说：“这个任务很残酷。”

她决定删除照片墙，因为她说：“我频繁地查看照片墙，甚至不知道为什么。”桑德拉解决了无意识地频繁刷照片墙的问题。然而，她意识到滚动屏幕的习惯也给她带来了一定程度的舒适。她承认，“我有一段时间感觉有点失落”。于是为给她的手机找到另外的用途，桑德拉决定打电话给朋友。她打电话给几个她在公园里一起玩飞盘的朋友，她称之为“更好地利用我的时间”。

① 账户在此处指的是互联网 / 电子邮件等的账户。——编者注

在“放空”挑战周结束后，桑德拉重新下载了照片墙，但她已经能够更自律地使用照片墙了。桑德拉比我更成熟，我必须保证《两点之间》不在我的手机里才不去玩它。但是，在完成这个挑战之后，其他“放空”的参与者说，他们现在每周或每个月进行某些应用程序的“斋戒”。就像努力删除推特的亚伦一样，他发现自己不必永远放弃推特，“我可以停止使用一天。结果比我想象的要容易得多，所以我决定每周都这样做”。

试试这个挑战吧，看看你对应用程序的自律如何。

挑战四的评语

我做到了，尽管痛苦万分。我删除了我手机上所有浪费时间的游戏并且在听完播客后抵制了玩《两点之间》的冲动。我也删除了脸书。对我来说这很好！是这样的，我不打算再次安装它们，但是这比我想象的要困难得多。

——娜特

很尴尬的是，这是一个愚蠢的游戏——《泡泡龙》。在看电影时、在等朋友时我都在玩，我被吸引了。现在我远离了这款游戏，对此，我的丈夫很高兴。我想说谢谢你。

——艾伦

看了这些评论，还真有人删除脸书，这个我并没有做到。我决定不仅仅删除《两点之间》和谷歌阅读器，还有最让我上瘾的游戏——《杀手数独》。游戏消失了！不会再说“我再玩几分钟”，我感到了解脱。

——简

没有推特的可怕失落感，就像缺乏咖啡因导致的头痛。我现在感觉很好，并与我的家人吃了一顿非常棒的晚餐。

——凯茜

我删除了脸书。这感觉就像切断了我的食指！啊！疯了！

——兰多

深度

第六章 / 深度工作

为创造时间……自由 ©，\ 自我控制 ©。

——扎迪 · 史密斯[①] 在她的小说《西北》中对两个网络屏蔽程序的致谢

---

① 扎迪 · 史密斯是英国青年一代作家的代表，毕业于剑桥大学英文系，主要作品有《白牙》《签名收藏家》《论美》《西北》等。——编者注

早在2004年，当黑莓手机仍被称为“快克莓”时，波士顿咨询公司同意进行一项冒险的实验。

众所周知，波士顿咨询公司是一家全球性管理咨询公司，在世界各地拥有12 000名员工，每年收入50亿美元。通常情况下，咨询顾问需要随时待命，以回应高净值客户的要求，提供战略建议或数据分析，无论处在什么时区，“他们需要把黑莓手机放在床头柜上，当它发出嗡嗡声时，他们就会立即醒来。”高级合伙人马修·科伦茨（Matthew Krentz）说。

这正是移动技术所要做的，按需提供每周7天的、每天24小时的全天候服务，以最大限度地提高生产力，对吗?

错!

科伦茨和波士顿咨询公司管理层的同事发现，这在短期内或许是好事，而长期并非如此。简而言之，这些咨询顾问完全崩溃了。

科伦茨说：“我们发现，虽然我们吸引了很多有才华的人加入波士顿咨询公司，但在四五年后，我们也失去了他们，因为他们发现这样的生活不可持续。”公司面临严峻的人才流失问题。

因此，科伦茨和他的同事们同意成为哈佛商学院研究人员的时间管理实验的小白鼠。哈佛商学院佩罗教授要求一个由波士顿咨询公司顾问组成的小组做一些激进的事情：在某周的某一天选择休息，不工作，没有电子邮件，没有手机，确切地说，“做一些放松的事情”。

刚开始，这些顾问不仅没有感觉缓解压力，反而变得惊慌失措。波士顿咨询公司的文化要求他们虔诚地检查电子邮件，必要时可以取消与家人、朋友的活动计划，或者根本不要计划工作之外的事情。佩罗教授向他们保证，实验小组中有一名成员会随时待命以备不时之需。

所以，他们开始了实验。

每位顾问都选择了一天，在这一天，他必须完全不工作，不查看电子邮件，也不以任何方式回答同事或项目负责人的问题。相反，他只需要去运动，做饭，或只是和家人、朋友待在家里。

结果呢？

这些顾问不仅找回了他们的私人生活，而且回到办公室后，团队成员开始进行更多的相互交流。由于在各自休息期互相帮忙处理工作，他们开始沟通，通过一对一和整体的对话保持交流。实验还带来了额外好处，他们拥有了大局观。他们关机后，减少了浪费在一些琐事上的时间，比如过分强调打印好的会议记录或者不断完善最新的饼状图幻灯片。他们在计划和优先排序方面做得更好，并且，他们还进行了头脑风暴，提出了更多的解决方案。

实验结果如此之好，以至于十多年后，波士顿咨询公司全球 78 个办事处的数千个团队仍在使用这个项目。该项目被称为 PTO 项目，是可预测性（Predictability）、团队合作（Teaming）和开放式沟通（Open Communication）的简称。科伦茨说："这个项目使得咨询顾问们留下的意愿提升到 75%。"波士顿咨询公司并不靠支付给高级顾问顶级薪酬来保证他们为公司长期工作，而是给予他们休息时间，定期断开连接以避免他们精疲力竭。因此，在《财富》杂志公布的"全美 100 家最适合工作的公司"名单中，波士顿咨询公司连续上榜 11 年（包括连续六年排名前五）。

技术进步在工作场所的前景正是为了提高效率和生产力。但是任何一个被电子邮件包围的人都知道，计算机和网络可能是一个巨大的时间黑洞。这些允许我们随时随地工作的诸多工具同时也让我们在工作时分心。无论是在 Gchat 上聊天，还是收到新邮件通知，我们都在接受频繁地被打扰。根据格洛里娅·马克的研究，每次我们回应一个信息，平均需要 23 分 15 秒才能回到原来的工作中。难怪当完成任何项目或报告时，我们总觉得这是一个奇迹。

所有这些分心真正伤害的是“深度工作”。乔治敦大学计算机科学系卡尔·纽波特（Cal Newport）在他的《深度工作》（*Deep Work*）一书中将这个术语定义为“专注完成认知任务的能力”。他写道，这种掌控复杂信息的能力，是“我们经济活动中最宝贵的技能之一”，同时也变得“越来越难得”。

玛利亚·梅森（Malia Mason）是哥伦比亚大学商学院管理学副教授、认知心理学家，她致力于竞争动机如何影响我们的判断和选择的研究。她认为，虽然科技的微侵入是导致我们注意力不集中，工作和生活之间界限模糊的部分原因，但移动设备才是真正的罪魁祸首。它看似一个福音，能够让员工随时待命，在办公室以外思考工作，但不利的一面是，“员工在工作时，也可以考虑他们的社会生活或家庭”。

“当我坐下来解决一个项目或者一个工作问题时，”梅森说，“我突然想起要给我儿子鲍比的午餐准备胡萝卜。现在我们的工作和生活已经太过重合了。”

工作与生活的融合是许多技术进步的重点。但是，如果我们想要做比回复电子邮件和即时消息更重要的事情，那么看起来两者分离是必要的。“出问题的不是技术本身，而是我们该如何使用它，”梅森说，“科技正在消耗我们有限的思维能力，而不是给我们提供拥有美好想法的精神空间。”

《写给自己》栏目的一位听众确切地描述了这个现象，她写道：“我经常发现，在手机上回复电子邮件或工作短信时，被脸书或照片墙等分心。等我放下手机，我才意识到想做的事情都没做。”

我们使用技术满足肤浅的生产力观念的方式（想想删除电子邮件），阻碍了深度思考和创造力的培养。这令麦克阿瑟天才奖得主杰德·阿布拉德（Jad Abumrad）忧心忡忡，他一直将其成就归功于他父母强迫他从小每天练习钢琴。一间只有钢琴陪伴的小屋，给阿布拉德创造了集中注意力的条件，这便是他成年后取得成功的基础。

阿布拉德说：“我的表演的准备过程大部分都是非常乏味的。”听到他这样说，真的很奇怪，因为他的广播节目和播客内容横跨科学、哲学和人类现状，涵盖了大量令人兴奋的话题，比如，“我们是如何从一小袋子的化学物质发展成庞大生物群的”。

他还提出了令人费解的哲学性问题，比如，“理解一切是可能的吗”或者“我们可以生活在一个没有语言的世界吗”。

是的，即使是探索如此令人兴奋的话题，也有其沉闷的一面。阿布拉德向我描述了几个小时的采访和对最终产品的几十个修改。（而我花了一年的时间，熬了一个通宵，才得以完成我与阿布拉德合作的《广播实验室》节目。）阿布拉德说：“根本就没有创意。这几乎就像排列图钉，并不有趣。”无聊的能力对阿布拉德来说非常重要，当他描述在《广播实验室》节目中成功的年轻人时，他说，他们只是对单调乏味的东西有一种忍耐力。就是这样。

“即时满足”经济

形成新的习惯不仅仅是为了结束你刷照片墙或玩《两点之间》的习惯。正如《纽约时报》记者、普利策奖得主查尔斯·都希格（Charles Duhigg）在他的《习惯的力量》（*The Power of Habit*）一书中描述的那样，许多公司使用技术重新调整消费者的需求，然后实现它们。现在，销售“即时满足”不是什么新鲜事（你好，麦当劳），然而，产品实现的时间越来越短。亚马逊过去为其高级会员免费送货，现在只免费在当天发货。

都希格说优步是一个很好的例子，它利用技术让消费者觉得它提供的服务更快更好。他说：“在像纽约这样的大城市里，叫出租车不一定比预订优步车更难。但优步的特点恰恰是准确地设定了你的期望，所以当预订的车来到时，令人难以置信地满意。”任何使用过优步的人都有体会，看到那辆小轿车越来越靠近上车位置，是多么令人放心。

优步或食品递送网站无缝网（Seamless）提供的服务，在本质上没有多大区别，“确定性”是其新奇之处。这两款应用程序都不要求你在行程结束时拿出信用卡付款或给小费。你能确切地知道你的车或食物将在何时到达，并且不再需要通电话。他说：“研究表明，在任何环境中，任何一种模糊的情况都会造成一定的压力。所以当一个公司告诉你，这就是它的运作方式，它能让你感觉很舒服，很值得。”这也可能是现在我们很多人不惜一切代价都不打电话的原因。

在线请求不会被误解。我们可以追踪并知道奖励将尽快到来，但这些服务真的是最有效率的吗？2013年，记者亚历克西斯·马里加尔（Alexis Madrigal）在《大西洋月刊》（*Atlantic*）上发表了一篇文章，描述我们被那些需要不断滚动屏幕而不实现任何目标的技术所迷惑的过程。纽约大学人类学家娜塔莎·陶·舒尔（Natasha Dow Schull）在拉斯维加斯花费了十年的时间研究老虎机，她把让我们有被催眠感觉的某些大脑区域标记为“机器区域”。

老虎机在历史上一直是赌场的赔钱大户，它的存在只是为了吸引豪赌客的妻子们。根据都希格的说法，当业内最大的赌场聘请来自世嘉游戏公司的人重新制作老虎机时，整个业务得以彻底整顿。其中就包括创造不同层次的奖励，比如，可预期的或意外的，隐性的或显性的，间歇性的或连贯性的。当然，玩家仍然会赢得金钱或积分，但他们也会被明亮的灯光和噪声所淹没。在观察人们玩这些新型老虎机时，舒尔发现，所有的时间和空间都随着灯光和哔哔声消失了，赢钱不再是玩家的唯一目的。他们进入机器区域，因此，作为结果，正如马里加尔在他的文章中指出的那样，老虎机“在数字时代的赢利能力激增，因为游戏设计师优化了它们，让人们愿意持续玩下去”。

在结构层面上，赌场老虎机上的按钮与品趣志网站上查看儿童生日蛋糕的滚动浏览器，或室内设计网（Houzz）上查看厨房照明设备的滚动浏览器，没有什么不同。“成功的网站现在深知这一点，它们明确清晰地设计自己，试图向你提供一些有价值的东西。"都希格说。这些奖励与优步等公司的服务不同，它们并不是有形的，比如，你可能会找到完美的蛋糕或铜吊坠，也可能会找到一些华而不实的东西。

/ 期待新工作场所 /

虽然我们办公室里的所有工具都变得像老虎机一样令人兴奋、令人分心，但工作场所的价值观却背道而驰。IBM（国际商业机器公司）对来自 60 个国家、超过 33 个行业的 1 500 位首席执行官进行了调查，结果发现“成功地驾驭日益复杂的世界”的最重要品质就是创造性。

特别有趣的是，这份对商界精英的调查是在 2010 年发起的，正值这些高管的职业生涯遭遇最严重的经济危机，一系列新平台及社交网络推动各行各业进入信息时代。你可能会认为，在这样一个不稳定和不可预测的时代，他们会更看重“严谨、管理规范、诚信甚至愿景”，而不是创造力。但面对金融压力带来的更多数据和竞争，商业领袖们一致认为，他们必须更快地改变战略，灵活地重组员工和资源，有时甚至要重新考虑他们的核心产品。长久生存需要具备转向和创新的能力，而实现这一点的最佳机会就是创造力。难怪 IBM 公司的高级副总裁表示：“创造力被选为未来成功企业的头号领导能力。”

然而，数字环境的确让全球更多的知识联系起来，但它实际上是否阻碍了我们在其中茁壮成长的能力呢？

英格兰银行首席经济学家安迪·霍尔丹（Andy Haldane）似乎是这么认为的。“我们显然正处在一场信息革命之中，接近99%的信息是在21世纪产生的，”他说，“这个有真正的好处，但也可能带来认知成本，其中一个潜在的成本是注意力持续时间的缩短。”

当然，与英国人读懂莎士比亚的能力相比，霍尔丹更担心对经济的影响。2015年，在东英吉利大学（University of East Anglia）的一次演讲中，这位首席经济学家谈到了我们失去持续关注力（包括对在金融领域）所造成的深远影响。他说：“自1950年以来，资产平均持有期已下降了90%。注意力缺陷发病率的上升以及推特的崛起，可能会进一步缩短人们保持注意力的时间。”

这是把责任推给了推特。尽管霍尔丹把社交网络服务挑出来作为罪魁祸首似乎很苛刻，但他更重要的观点是，科技使得“大脑具有的快速思考、反射性、缺乏耐心的部分扩大了其影响力”。为了进一步证明他的观点，霍尔丹指出，英国公司在研发方面的支出十年来一直在下降。

如果你也同意目前的事态会阻碍我们做深度工作的能力的观

点，无论是经营一个《财富》世界500强公司还是写一首诗，那么问题就变成了，一个人如何在数字时代找到思考的空间。

艺术家们一直都明白，孤独、无聊是创造过程的关键。如今，经济学家、社会政策专家、科学家都在论证，它们对企业是否也至关重要。想象力研究所的斯科特·巴里·考夫曼和科学作家卡罗琳·格雷格尔（Carolyn Gregoire）在《哈佛商业评论》上发表了一篇文章，以《高管，保护你的独处时间》为标题直接将“走神和其他形式的思考”呈现给大家。

尽管它们是为职场量身定制的，但到目前为止，它们的基本原理我们应该已经相当熟悉了。我们生活的时代并不利于孤独的反思，无助于创造性思维。我们的大脑不喜欢回应任务及直接的刺激或分散的话题，它仅仅喜欢让自己放空、走神，这才是至关重要的。尽管与你老板所想的相反，但这不是偷懒。当大脑的默认模式网络发挥作用时，我们最好的、更原始的想法得到了孕育，因为我们沉浸在深层、隐藏的情感、记忆和思想中。当我们把过去、现在和未来联系在一起，想象全新的领域和方式去做事、研究新产品时，大脑的许多区域都被点亮了。

若我们把办公室装在口袋里，而你需要独处或安静，这几乎不可能实现。不停地检查电子邮件几乎被当作荣誉的象征，好像你刷新收件箱越多，你就越重要，或者说，你如果不回复邮件或短信，就不是团队的一分子。（家庭主妇也同样受这种现象影响：想想那些愚蠢的班级电子邮件，家长们都在回复："太棒了！"或"谢谢！"）但是，神经科学家们说，如果我们总是做出回应，就没有时间去思考新的想法。考夫曼和格雷格尔写道："今天的文化过分强调了高频互动的重要性。我们倾向于把独处的时间看作是浪费时间，或者是一种反社会或内向性格的表现。"但恰恰相反，其实我们应该把它作为情感成熟和心理健康发展的标志。

如今，大多数工作场所都不支持人们安静地思考，但如果老板想要他们的员工最大化地提高工作效率，他们就应该这么做。考夫曼和格雷格尔为经理们提供了一些建议，帮助他们的团队"重获孤独，提高员工的创造性思维能力，并不会减少协作"。

这些办法包括给员工更多的自由去工作，特别是当被分配到需要创造力的项目时。当真正需要集中精力时，谁不在家或者咖啡厅完成更多的工作呢？尽管如此，考夫曼和格雷格尔仍然建议经理们留出一个专门用来安静工作的房间。他们最大的建议是，与这些外部条件相比，更多的是改变思维方式。主管们应该重视并促进员工过偶尔的"隐居"生活，即使只是在外面散散步（不看手机）。

有一种方法可以让你远离办公室，那就是休假。真正的休假是不用工作的。遗憾的是，美国人有一个可怕的习惯，就是休不完他们该享有的个人假期。2016年，美国国家公共电台（NPR）、罗伯特·伍德·约翰逊基金会（Robert Wood Johnson Foundation）和哈佛大学陈德昌公共卫生学院共同发起的一项调查发现，在美国，每周工作超过50个小时的人当中，约有一半的人表示，他们没有休完甚至只休了一小部分的假期。在这些人当中，还有30%的人表示，即使在休假期间，他们也做了大量的工作。

“对于你的大脑来说，这是一件坏事，主管们应该敦促员工休完所有假期，”考夫曼和格雷格尔在《哈佛商业评论》上写道，“有时间进行周期性的休息和思考，这会给你的团队腾出空间来补充创意能量。”

“放空”欧洲版

欧洲人一直都有重视休假的传统。2016年，当法国总统弗朗索瓦·奥朗德和他的内阁试图取消35小时工作周的制度时，三万多人走上巴黎街头抗议。在美国，这种事情是不存在的，因为美国是唯一一个没有法定带薪假的发达国家。欧盟法律规定，每年带薪假不少于四周。

科技对个人时间的侵入并未削弱欧洲保证员工休息时间

的决心。德国一直采取政府监管和私营部门自发监督相结合的举措，来遏制数字时代对休息时间侵占的蔓延。2012年，大众汽车公司做出了关闭黑莓服务器的大胆举措，员工轮班结束30分钟后停止发送电子邮件。在轮班开始前30分钟，服务器再次启动。这项努力（不适用于高级管理层）让员工在工作和家庭之间划定了明确的界限。

越来越多的德国其他公司也纷纷效仿，包括能源巨头德国电信（E.ON）和生产家居、美容、胶粘剂产品的汉高公司（Henkel）。每个企业都采取了独特的方式。汽车制造商戴姆勒公司（Daimler）允许员工在休假时自动删除收件箱中的任何电子邮件。宝马公司创建了一个系统，让员工和主管能定出一个达成一致的休假期工作量，并为额外的工作时间支付报酬。

通过对工作时间和非工作时间划定明确的界限，德国政府也在保护工人的心理健康和提高生产力方面做出了自己的努力和成效。从2013年开始，德国劳工部制定了一个守则，禁止它的管理人员在正常工作时间之外通过电话或电子邮件联系工作人员，除非是紧急情况。该守则要求管理人员在占用工人个人时间时遵循“最低限度干预”原则，并确保尽可能减少需要加班工人的数量。

法国政府希望采取类似的立法，不仅适用于政府工作人员，而且适用于所有市民。2016 年法国通过的一项《修正案》对其所有公民授予“离线权”，以此推动法国《劳工法》的改革，这是对“数字时代工作权利的适应”。“离线权”规定，拥有 50 名以上员工的公司在正常工作时间以外向员工发送电子邮件是非法的。星期五晚上令人倒胃口的老板的消息或者愚蠢的回复，扰乱了星期天早上完美的填字游戏时间，现在，是时候说再见了。

/ 安静的时光 /

除非你计划搬到德国或法国，否则你得自己想办法避免收到无休止的信息流。

这是畅销书《内向性格的竞争力：发挥你的本来优势》作者苏珊·凯恩（Susan Cain）在她的最新项目“安静革命”（Quiet Revolution）中所做的事情之一。从养育安静的孩子到作为一个安静的人找到事业上的成功，凯恩正努力在学校和工作场所建立独处的文化。她创建了安静领导力研究所（Quiet Leadership Institute），这是一家管理咨询公司，为通用电气、宝洁公司和美国国家航空航天局等客户提供咨询，指导它们如何使用内向型人才。

“三分之一到一半的人是内向型的，”她说，“每三个人中至少有一个是内向的人。然而，我们生活在一个告诉每个人都要外向的社会。这导致了能源和人才的巨大浪费，并最终导致了幸福感的丧失。”

社交媒体和全方位连接的出现使得这种对外向性文化的偏见更加明显。事实是，无论我们是内向、外向还是中间性格的人，这些数字设备都会让我们筋疲力尽。最大的问题是如何从持续不断的数字互动中解脱出来，尤其是你如果有自己的企业，或者有一个需要积极参与社交媒体的职业。那些疲惫不堪的人如何平衡对安静的渴望与跟上其他人脚步的需求呢？

考虑到恢复性休息的重要性和难以执行的两难困境，无论应用程序多么诱人或来自工作需要带来的压力多么大，凯恩建议首先需要解决的障碍是文化，“不要把安静沉思看作弱点，而应该把它看作你最高效自我的一部分”。

总的来说，我们的社会没有重视孤独。我与青少年相处的经验是，他们不愿意花时间独处，也不被鼓励花时间独处。如果他们不在学校或与朋友在一起，他们就在色拉布上。而他们的父母也好不到哪儿去。我经常听到人们说他们从不自己去餐馆、看电影或度假。似乎独处很可怕。

“是的，”凯恩同意道，“从孩子两岁开始，他们就会发出明确和含蓄的信息，说自己玩是不行的。你应该和我一起玩，因为孤独是不好的。”

所有年龄段的幸福和成功都与受别人欢迎、外向和强有力的握手、雄厚的嗓音等方式有关，这些方式相结合让人表现得更自信。凯恩认为，社会以一种“狭隘和压迫的方式”来界定幸福和成功。三分之一的人绝对需要一段时间的与世隔绝才能最有效地工作，根据凯恩的说法，为了做好工作，我们所有人都需要独处的时间。

所以，她不认为想要独处是软弱的表现。“我们必须彻底摆脱这个想法！”凯恩说，“孤独是我们伟大的超能力之一，而且一直如此。”在她的书中，她采访了一些最顽强的内向者，包括斯坦利·麦克里斯特尔将军（Stanley McChrystal）。他带领美国军方秘密联合特种部队司令部（Joint Special Operations Command，简称联合特种部队）经历了海湾战争，这是联合特种部队以及所有美国和北约（NATO）驻阿富汗部队历史上持续时间最长的一次军事行动。她还采访了美国海军陆战队司令查尔斯·克鲁拉克（Charles Krulak）将军，他是美国海军最高级军官、参谋长联席会议的成员。这两个人都告诉她，孤独是做出有效决定的关键，也是建立勇气和信念来坚持这些决定的关键。

那些具有钢铁般意志的将军需要独处的时间来思考生死存亡的决定。但在大多数现代工作场所，安静的人往往被称为“怪异的”或“以自我为中心的”人。特别是在最近谷歌的拉里 · 佩奇（Larry Page）与谢尔盖 · 布林（Sergey Brin）以及苹果的史蒂夫 · 沃兹尼亚克（Steve Wozniak）与史蒂夫 · 乔布斯等合作伙伴兴起的合作热潮中，这一点尤为明显。凯恩说：“来自‘合作’的发明创造如此之多，以至于现在这个词都成了一个神话。”

美国企业界目前的热潮，是对创新的最新趋势的热衷。他们坚持认为，只有一群人才能够激发出最好创意的交流。尼尔森公司 2014 年做的一项创新报告表明，“2/3 的消费品领域专业人士，将合作排在了创新成功的三大关键因素之首，超越了强有力的领导力和获得财务资源”。

凯恩并不认为集体思想是“奇迹发生的地方”。对于很多富有创造力的人来说，组成团体就像超人遇到氪星石[①]一样。

史蒂夫 · 沃兹尼亚克在他的回忆录《沃兹传：与苹果一起疯狂》中写到他如何发明个人电脑，共同创立苹果，以及如何乐在

① 氪星石指电影《超人》中超人的克星。超人碰到来自他母星的绿色氪星石，会失去超能力并变得软弱无力。——译者注

其中。沃兹尼亚克支持了凯恩关于孤独在创作过程中的关键地位的理论。沃兹尼亚克写道："毫不含糊地说，我遇到的大多数发明家和工程师都和我一样，他们很害羞，他们活在自己的世界里。"他还写道：

> 他们几乎像艺术家一样。实际上，他们就是最好的艺术家。艺术家独自工作效果最好，在公司环境之外，他们可以完全掌控自己的设计，而不是出于市场营销等目的而设计。我不相信任何真正具有革命性的东西是由委员会发明出来的……我会给你一些建议，尽管可能很难实施。这个建议就是：单独工作……不与委员会或团队一起完成工作。

科技界著名的内向者

盖伊·川崎（Guy Kawsaki）：苹果公司最初负责销售麦金塔电脑的员工之一，他称自己是一个"世俗的传道者"，听起来不像是一个害羞的人，但实际上他却自称是一个内向的人。

脸书创始人马克·扎克伯格：至少脸书首席运营官雪

莉·桑德伯格（Sheryl Sandberg）是这么评价他的。

谷歌创始人拉里·佩奇：你不会看到这个家伙戴着耳机，为台下的观众提供关于未来的有渲染力的信息。他不在会议上发表主题演讲，也不接受记者采访，就像他们是瘟疫一样。到目前为止，这并没有影响谷歌的业务。

雅虎首席执行官玛丽莎·梅耶尔（Marissa Mayer）：她为《时尚》拍摄了一张照片，照片中的她在草坪躺椅上摆出懒洋洋的姿势。但她表示，即使作为主人，她在活动中也会感到极度的社交焦虑。她禁止员工在家工作，这在雅虎激起众怒，因为在家工作一直是雅虎的流行做法。她辩解说，虽然“独自工作的人更有生产力”，但当员工们在一起时，他们“更具协作性和创新性”。这听起来不错，但做这个决定的原因可能是当她检查在家工作的员工登录公司网站的情况时，她发现员工退出公司网站下班的时间太早了。

微软的创始人比尔·盖茨说：“内向者可以做得很好，如果你聪明，你可以学到作为内向者的好处，比如，离开几天，去思考一个棘手的问题，并阅读所有相关的东西，让自己在那个领域的边缘努力思考。”（盖茨经营微软时，他的著名做法是“思考周”，即一年两次为期一周的隐居。）

你如果甚至都不知道它是什么，就很难想出一个新点子。在我们这个即时反应并决策的世界里，最好的概念通常需要一段时间才能发展成实际的计划。凯恩建议商界领袖允许人们独处，即使在会议中，也可以离开，让他们有记录笔记或任何适合激发他们创意的独处时间。

亚马逊创始人兼首席执行官杰夫·贝佐斯（Jeff Bezos）通常以 30 分钟的沉默开始会议。在此期间，员工们可以安静地阅读一份精心准备的六页备忘录。他更喜欢这些任务驱动型的备忘录，而不是只展示重点内容的幻灯片演示，因为他相信完整的句子和段落能够“更清晰”。这种清晰度来自两个层面，一个是演讲者，他可以通过备忘录提出更微妙的问题，产生复杂的思想；二是参与者，他们有时间集中注意力，消化材料。

凯恩希望企业和经营者不要把孤独视为另一种行为趋势，比如，专注力或开放式办公室计划。她说：“从商业的角度来看，这与拥抱一个以结果为导向的工作环境有关。在这个工作环境中，每个人都专注于我们是否能完成工作。你坐在办公桌前多久是无关紧要的，重要的是结果，当人们能够自由地离开，埋头连续工作四个小时而不被打扰时，最终会取得最好的结果。或者在不被认为不友好的情况下，如果他们关上办公室的门工作也是可以被社会接受的。”

为了能真正掌控我们在商业环境中的无聊时间，我们不应对此感到内疚。虽然行动或不行动，可能看上去很懒惰或异于常人，但如果结果是高质量的工作，那么不会有人让你感到羞愧。因此责任在于我们自己，而不在于我们的老板，或者我们的智能手机。凯恩说："最近，我们倾向于认为，技术过载的解决方案必须通过技术。但实际上，解决办法是情感和心理上的。核心是自我意识。"

嗯。听起来很像"正念"的观点。或者，也许我们应该称之为"自我观察"。无论如何，这听起来很难，就像在我们已经塞满了待办事项的列表中添加一个步骤一样。但根据凯恩的说法，这是可以实现的，如果你遵循在任何新学科或努力中成功的一般规则：创建目标并尝试策略，直到找到最适合你的方法。她说："很多时候是在跟自己谈判以达成契约。设定边界，不要太担心错过你不会做的事情。"

这个办法可能意味着你要设定登录脸书的固定时间，比如说一个小时，与你的粉丝们互动，然后关机。只有你自己知道哪些活动最耗费你的精力。当然，你必须坚持已达成的契约。虽然凯恩建议你减少与他人的互动时间，"你必须平均分配自己不在线的恢复时间"，选择一个时间框架是实现目标最重要的一步。换句话说，你可以在日历上划出一段时间，比如下午 3:30 在办公室周围的工业园区散步，并认真地执行。另一个重要的因素是安排“全天小块的恢复性休息”。这些事情可以小到起床去喝杯水，做些伸展运动，或者安排给朋友打个10分钟的电话。凯恩不赞同《写给自己》的一个听众的工作方式，他周一至周五疯狂工作，然后在周末就完全不管工作。她说：“听起来真的很好，但是星期一早上我可不愿意回来工作时，回复那几百封电子邮件。”

我的无声工作区

当我更清楚地思考我所做的“最深入”的工作时，我发现写作是最重要的（无论是每周的播客脚本、一篇演讲稿、一篇专栏文章，还是本书）。快速回复电子邮件，在推特上发帖很快就被信息大军冲走了，但是我所提供的原创思想却可以在自己的生活中发挥作用。坦率地说，这可能会改变一些人的生活。但我知道我没办法在办公室或家里做这种“深度工作”，周围是喋喋不休的同事或者家里待打扫的厨房。我需要安静。于是我准备了一个安静的工作空间。现在，“安静的工作空间”就是我的术语，以前我尝试过“共同工作”或共享工作空间，但当“合作”者时不时打电话时，我集中不了注意力。

后来我发现了布鲁克林作家空间，在这里它不允许讲话，打电话，或发出噪声。走上楼梯，有一个小厨房，在那里你可以吃午餐。但是一旦你走到隔壁，进入工作的圣殿，唯一的声音是打字声。这里不允许吃零食。如果电话响了，最好尽可能安静地离开，走到室外走廊再接电话。我本以为这样的地方是给小说家准备的，他们写的杰作会把读者带到另一个充满故事和激情的世界。但是，现在我意识到我们都需要安静。即使你的工作不是写故事，你也需要腾出空间进行一次脑力旅行，去创造你想创造的任何东西，无论是电子表格、公司报表，还是计算机代码，它们都将是你能力所及的最深处。

每个月只要给我两次，每次四个小时安静的工作空间，你就会看到比我在办公室其他时间加起来还要好的工作效果。

挑战五：忙里偷闲

企业家、管理人员、员工和其他涉及创造性解决问题的任何人都需要独处，只有这样，他们才能集中精力去思考一些有趣的新想法。正是在电子邮件、短信、社交媒体和电话干扰一整天的间隙中才能提炼出见解。但正如凯恩建议的那样，你需要给予自己恢复的时间，把它看作提高自身生产力的关键，而非弱点。

准备好忙里偷闲吧。这将是一个从耗尽我们精力，分散我们注意力，使我们无法超越日常生活的数字化冲击中解脱出来的假期。

这个挑战是我的最爱之一。它让我从阅读和回应信息的压力中获得喘息的机会，得以完成一个想法，不再感觉像一条透不过气的金鱼。但我认为最好的部分是知道你已经重新调整了对发消息者的期望。当我第一次收到经理的电话留言时，实际上，我笑得很大声，为她感到高兴……然后耐心等待她回到电子邮件回复模式。我知道她在用最佳的方法来休息。我的问题并不紧急，未答复的电子邮件的紧张气氛消失了。

你需要独处休息多久？一个下午？一个小时？ 20 分钟？这取决于你自己。如果你的老板不同意你离开一个小时或 20 分钟，那么你就试试为自己留出当晚的时间。重要的是设定一个固定的期间（我建议你在前一天查看你的日历，选择最不需要工作的时间来断开连接），并坚持下去！另外，不需要总是诚实。如果你在和一个不讲理的人打交道，你可以说你预约了医生急诊或者家里有紧急情况。当然，只有迫不得已时才这样做。另外，不要以为，这只是短短一个小时，你可以毫不费力地设置一个离线消息。但是你会真的在这一个小时内放松一下，停止检查你的电子邮件吗？

为了缓解这种忙里偷闲的压力，我建议你制作半开玩笑式的留言消息，比如“更多面对面的交流，减少上脸书交流。如果需要我，请给我打个电话”。将你编辑的留言信息发布在电子邮件、推特、脸书、社交小组、色拉布或照片墙等通常能联系到你的任何地方。如果你想让别人知道你正在休息，可以使用下列建议：

“你好！我现在专注于一个项目，但是我打算在下午 4 点查看我所有的电子邮件。如果有紧急的事，请用最传统的电话联系我。”

“为下一代接管世界做准备！允许我离开片刻，我需要多花点时间和家人在一起。”

“有意识地从我的手机上解脱一天。”

“从科技产品中稍事休息，谢谢你的耐心等待。”

挑战升级

升级你的假期模式，不使用电子邮件，不打电话（说实话，谁现在还喜欢打电话），不使用短信。考虑使用一个应用程序来自动回复信息。好用的应用程序有，“AT&T 公司（美国电话电报公司）的驾驶模式应用程序 DriveMode”（它可用于苹果和安卓系统）和 OneTap 管理来电的应用程序。这两个应用程序都能使收到的信息隐藏或静音，并发出自动回复消息。

挑战五的评语

昨天我从午餐时间开始（我在家工作）彻底关机，享受着这份安宁时光，一直到睡觉前。我读纸质报纸，和朋友一起闲逛，睡了个好觉，我比以往任何时候都更有决心要重新找回我的安静时刻，重拾我的空间、能量、注意力和生活，同时重新调整我与周围数字世界的关系。

——萨莉

我已经很好地跟上你的挑战，但今天却做不到。所以我想另外提议，把周五晚上和周六当作我的安息日。不会看所有的电子邮件、推特等。这是观察安息日的一种方式，为我的生活带来了真正的美好时光。我会开灯关灯，但我不会查看电子邮件。所以以下是我的留言消息："嘿，谢谢你的消息。当星期五太阳下山时，我查看电子邮件后便是我与朋友和家人相处的时间。不要担心！一旦星期六太阳下山，我会把这个留言信息收回，然后联系你。现在放下你的电话去玩吧。”

——塔里亚

这是我在脸书上发布的信息：我正在参与“放空”挑战，在接下来一天左右的时间里，我不会出现，但是仍然爱你们。

——安娜

今天早上我退出了我的推特和脸书账户，当我步行去上班的路上，灵光乍现，我有了一个非常棒的主意，这可能是巧合，但我仍然要把它劳归于“放空”项目！

——彼得

我并没有从事与技术相关的工作，所以这个挑战对我来说应该很容易，对吧？错了，我整理餐桌和吧台，这意味着短时间内，没有什么产出。我们通常做诸如擦玻璃杯，折餐巾纸，或者其他一些不需要动脑筋的工作，这让顾客们产生一种错觉，觉得我们是富有成效的人。实际上，我们经常快速而频繁地查看手机，“谁发短信给我”或者“我必须得在推特上说说这位女士严重的过敏”或者“呃，今天Lady Gaga（美国歌手、演员）在色拉布上更新了吗”。今天晚上当我上班时，我会尝试不上社交媒体。我希望能和我的同事们有更多的交流，思考新点子来改善我的工作，甚至可能会在线下遇到一些有趣的人。

——玛雅

我不能完全不看工作电子邮件，所以我选择忽略个人电子邮件和短信，祝我好运！另外，没有脸书陪伴的第二天，感觉还不错。

——玛丽

好奇、心

第七章

/

找回好奇心

我们做的一部分事情是倾听，我们无时无刻不在倾听，倾听着太阳、星辰和微风。

——马德琳·英格[1]《逆转的地球》

（*A Swiftly Tilting Planet*）

---

① 马德琳·英格，即 Madeleine L'Engle（1918—2007），世界儿童文学大师，获得世界两大青少年文学最高奖项：安徒生文学奖和纽伯瑞文学金奖，她还获得“国家人文科学奖章”，代表作《时间的折皱》等。作者引用的《逆转的地球》荣获“美国国家图书奖”。——编者注

从我和听众一起参与“放空”的第一个挑战开始，我收到很多令人振奋的故事、启示和见解。我最喜欢的故事来自佛罗里达州的高中老师乔尔·亚当斯（Joel Adams），他带领班级集体完成了持续一周的活动。他阐述了他让学生们参与这场公众实验的动机：“我不确定我的学生们是否真正理解他们的日常生活是怎样的，他们每天在色拉布、虚拟网络系统（Vines）、照片墙上制作和发送了多少照片？”

仅仅在他们对手机的使用方式做了小小的改变一周后，亚当斯看到了巨大的变化，课堂参与度有了明显的提高（有哪一个老师不喜欢呢？）。亚当斯还发现，使用数字设备时的注意力训练，有利于学生们在功课上表现得更出色和专注。我个人最喜欢的结果，是在一周的“放空”活动结束之后，老师与孩子们之间，以及孩子们之间有了更多的目光接触。

尽管亚当斯先生带来的消息让我非常激动，但它也触及了我们任何一个作为年轻人的父母、亲戚，或与年轻人一起工作的人内心最深处、最黑暗的焦虑。我们大多数人都担心当今发达的科技会影响孩子们未来的人际关系，影响他们创造性地参与社会的能力，以及他们生存的质量。詹森，《写给自己》栏目的一位听众，是两个孩子的父亲。他写下了我们大多数人都会担心的问题："我最大的恐惧是孩子们会变得很宅，足不出户，不知道如何与人交流。"

詹森的疑虑是正确的。玛丽·海伦·伊里诺迪诺–杨博士花了两年的时间研究青少年使用媒体与他们管理自己生活能力的关系。结论证实：青少年应该听从父母的这种直觉。

这位神经科学家和人类发展心理学家开始跟踪一群居住于洛杉矶市中心、年龄在 14~15 岁的青少年的媒体使用情况。杨博士记录的内容包括这些青少年使用社交媒体的类型以及他们做作业时，有多少交流方式。两年后，杨博士和她的团队向该实验组布置了一系列任务。孩子们被要求想象解决世界问题的方法，对现实生活中的事件做出反应，并预测一年或十年后他们的生活的样子。

虽然调查结果是初步的，但杨博士发现了一个非常有趣的现象："那些在社交媒体中更专注的孩子实际上对于其他人的反应不那么具有同理心。两年后，他们对自己的未来，解决世界问题的办法，比如他们周围的暴力事件，也不怎么富有想象力。”

这是每一位努力让孩子远离色拉布的家长都愿意听到的。

诚然，杨博士的发现是有意义的，我们前文也已经讨论过：技术是如何抑制由走神带来的前瞻性思维的，而走神正是我们利用记忆和对当前环境的理解来找出前进方向的最佳方式。但是，电脑、智能手机和平板电脑在儿童生活中的使用只会继续增加。这就提出了一个问题：科技产品和数字媒体如何融入有效的、有爱心的育儿方式中去呢?

每当我读到关于科技领袖们不让自己的孩子使用他们制作的数字产品和软件的文章时，我就会胃痛。《纽约时报》2011 年的报道称，易趣网首席技术官以及来自谷歌、雅虎、苹果和惠普等公司的高管和工程师都将他们的孩子送到加利福尼亚州洛斯阿尔托斯的沃尔多夫学校。该学校坚持其教育哲学，崇尚围绕木桌烹饪或编织活动（从玩具到家具都使用天然材料）。这些硅谷的家长相信，在孩子们上七年级之前最好不让他们过多接触电脑，因为它会“阻碍孩子们充分发展强壮的身体、严格的纪律、自我控制习惯、流畅的创造力、艺术性的表达以及灵活敏捷的头脑”。

甚至连个人电脑之父史蒂夫 · 乔布斯也对其子女使用数字产品进行严格的限制。畅销书《孵化 Twitter：从蛮荒到 IPO 的狂野旅程》作者尼克·比尔顿（Nick Bilton）为《纽约时报》撰写了一篇文章，题为《史蒂夫·乔布斯是一位会限制孩子使用高科技产品的家长》。在这篇文章中他写道，2010 年他曾采访乔布斯，“嘿，你的孩子们喜欢 iPad 吗”，iPad 之父乔布斯回答，“他们不喜欢，我们在家里限制使用这些设备”。

尼克·比尔顿表示，他采访其他硅谷大佬也得到同样的看法，“我完全震惊了”。比如，《连线》杂志的前主编克里斯·安德森，现在经营着一家无人驾驶飞机制造公司，安德森非常严格地限制他的五个孩子使用科技产品的时间，“整周内，绝对不会让他们接触电子产品”，比尔顿还说在安德森制定的一系列规则里，他永远不允许在卧室里放置任何数字产品。

比尔顿说，乔布斯禁止在餐桌边玩数字产品，“晚餐时间则谈论历史、艺术和书籍”。

创造 iPhone 和 iPad 的乔布斯限制他的孩子们使用 iPhone 和 iPad。这让我产生一种感觉，他的产品的一些方面从未与大众分享过，就像毒贩子从不吸毒一样。

平心而论，我想，如果有主厨为你的家人准备一顿漂亮、有机、本地采购的饭菜，强迫你的孩子放下 iPad 并不是很难。而对于我们这些普通人家来说，有时候为了做一顿晚餐，你需要把一个蹒跚学步的小孩放在 YouTube 视频网站面前，而 YouTube

里的狗狗视频会毁掉你的孩子吗？

在你准备搬到新墨西哥沙漠的圆顶帐篷居住之前，先等一等。纽约市两个年幼孩子的父亲，也是独立游戏开发公司“教师游戏”（Teacher Gaming）的创始人之一，乔尔·莱文（Joel Levin），他对孩子们在数字世界的未来提出了乐观和实用的展望。莱文的部分积极观点来自他自身的经验。作为玩雅达利2600游戏机[①]的那一代，莱文通过学习电脑编程制作了自己的游戏。“我总是把电脑拆开，这让我的父母很沮丧。”他说。后来，他当上了纽约市一所私立学校的计算机老师，他尝试将游戏带入课堂，并取得了一定的成功。

到了2011年，莱文开始玩游戏《我的世界》（*Minecraft*），他几乎马上就知道它是一个伟大的教学工具。对于那些不知情的人来说，《我的世界》已经成为一个让全民痴迷的游戏，因为年轻人喜欢构建和分解数字积木（有点像乐高积木）来创建自己的虚拟世界。《我的世界》是一款沙盒游戏[②]，它的目标是创建、探

① Atari 2600，是雅达利（Atari）公司在1977年10月发行的一款游戏机，在当年风行一时，成为电子游戏第二世代的代表主机。——译者注

② 沙盒游戏（Sandbox Games），是由沙盘游戏慢慢演变而来，自成一种游戏类型，由一个或多个地图区域构成，往往包含动作、射击、格斗、驾驶等多种元素，一般游戏地图较大，交互性强、自由度高、随机事件多、创造性强是其特点。——译者注

索、获得乐趣，“《我的世界》游戏中没有胜者，”乔尔说，“你可以创造你想要的，或与你的朋友多人联机一起去冒险，又或者你单人玩，一遍又一遍地杀死僵尸。这就是玩家带给游戏的真正意义。”

游戏如何有利于孩子的发展？莱文观察当时还不到五岁的大女儿，她经过精心思考，试图弄清楚如何在《我的世界》中创建和组合方块。她也学会了拼写第一个单词。莱文设计了一个场景，如果她迷路了，他输入“家”这个词，她便可以回到《我的世界》中自己的家里。有一天，她走近问：“爸爸，怎么拼写‘家’？”更让莱文兴奋的是，他的女儿建造了一个树屋。莱文说：“她非常自豪地向我展示了她所建造的树屋和树屋里所有的小房间以及它们的特色。作为一个在纽约市长大的女孩，她不太可能有建造树屋的经历。”

莱文看到了游戏带来的可能性，他为二年级学生设计了一个为期两周的《我的世界》游戏单元，“教室里爆发出前所未有的喜悦”。莱文说：“我分配给他们挑战项目及有限的资源，但他们必须想出办法，创造性地完成目标。这些七岁的孩子真的很投入，并且愿意接受关于策略和克服个人差异的高端讨论，这也是我所希望看到的。”

对莱文来说，这是一个难以置信的经历，他开始向大众传播

《我的世界》的教育意义。他为此开了一个博客，这引起了记者和其他想要模仿他实验的教师们的注意。他的热情赢得了“《我的世界》老师”的绰号。

莱文最终和《我的世界》的瑞典开发者，合作开发了一个名为《我的世界概念课堂》的教育版游戏，该游戏目前在超过 40 个国家的 7 000 多间教室中使用，几乎每个主题都被使用过。在这个游戏中有中国明代的紫禁城，甚至有史前时期，学生们可以在那里发掘恐龙化石。还有一个叫作“十进制岛”的世界，学生们可以“在一个孤立的岛屿上繁衍生息，他们很快会在岛上找到三个隐藏的任务。每个任务都与小数的加减法有关”。圣安娜联合学区使用《我的世界概念课堂》游戏，让小学生们复习他们在课堂中学习到的历史遗迹。

目前还没有研究证明《我的世界概念课堂》可以提高学习成绩。(不管教学工具如何，学业进步是很难证明的。尽管如此，缅因大学的研究人员在 2016 年宣布，他们将利用 200 万美元的研究经费，研究游戏对学生在科学、数学和工程学方面兴趣的影响。) 撇开考试成绩不谈，《我的世界概念课堂》确实是一个吸引人的游戏，它汇集了科技的最佳优点：想象的无限性、实验的便捷性以及通过人类协作构建的团队精神。

然而，《我的世界概念课堂》只是涉及儿童和青少年科技运用的一小部分。无论是脸书带来的由于不断的社会比较而产生的抑郁症症状（实际上是休斯敦大学的一项研究发现），还是应用程序开发人员所采用的操纵性设计技术，数字生态系统的副作用如此之大，对于任何人来说，似乎都不好，更不用说对青少年了。也许，这就是莱文在星期一到星期四不给他的孩子们玩任何高科技产品的原因。他说："根本不允许，没得商量。"

养成良好的使用数字产品行为

在"放空"的第一个挑战周期内，不少父母表达了他们因玩手机而减少了与孩子们的玩耍时间，或缩短了享受更有意义的个人时间的内疚之情。总的来说，有小孩的比没有小孩的人有更多的手机时间，但他们拿起手机的频率会低一些。

这些有小孩的人的平均年龄为 40 岁，而没有小孩的人的平均年龄为 30 岁。因此，该统计数据可能只是反映了另一种趋势——人们似乎会随着年龄的增长而改变使用手机的方式。年龄越大，你使用手机的频率会越少，每次使用手机的时间通常越长。但你通常不是打电话和聊天，而是刷屏。

你有孩子吗	使用手机的平均时间（分钟 / 天）	每天平均拿手机次数
无	82	42
有	103	34
选择不回答	97	29

年龄区间	使用手机的平均时间（分钟 / 天）	每天平均拿手机次数
14~19	104	66
20~29	87	65
30~39	94	52
40~49	96	34
50~59	83	39
60~69	81	27

即使你不是一名儿童心理学家或儿科神经学家，你也知道限制孩子们使用数子产品至关重要。而且，使用的内容也同样重要。据“无商业化童年运动”的创始人苏珊 · 林恩（Susan Linn）博士说，许多应用程序、网站和游戏的内容可能是有害的。

林恩在成为心理学家之前，曾与儿童节目里的英雄弗雷德·罗杰斯[①](Fred Rogers) 合作过，她认为今天的媒体环境对青少年造成了独特的威胁。当人们，尤其是那些已经有了孩子的父母，说“孩子们在看电视，他们很好”这样的话时，她认为这些人并没有意识到问题的严重性，这让她觉得很反感。

她说：“历史上没有哪对父母需要应对这种前所未有的融合：无处不在、复杂、诱人、让人上瘾的屏幕技术以及不受节制、不受监管的广告，这种组合是主要问题。”

虽然林恩已经从“无商业化童年运动”组织的领袖位置上退休，但她依然可以通过她的组织对抗大公司和它们的营销人员，这个组织曾迫使迪士尼公司为其《小小爱因斯坦》系列影片退款。她说：“它声称对婴幼儿有教育意义，事实上并不像它说的那样。”

2014 年，林恩和“无商业化童年运动”组织还赢得了脸书的庭外和解请求，这个纠纷的缘由是脸书在未经父母允许的情况下，在广告中使用青少年的姓名和照片。虽然 29 万美元的和解费用对脸书来说微不足道，但这个金额占到了当时“无商业化童

① 弗雷德·罗杰斯（1928—2003），美国人，他于 1968 年制作并主持《罗杰斯先生的邻居》这个节目，塑造了许多经典角色，如送货员麦克菲利先生、猫头鹰等。他因在电视上对儿童的奉献使他获得无数奖励和赞誉，1999 年入选电视名人堂，2002 年获得总统自由勋章。——编者注

年运动”组织全年支出预算的90%。然而林恩拒绝了和解，坚持对脸书采取进一步行动。她说：“当我们想到孩子们使用这些数字产品，成为这些产品的目标人群……我们就不得不谨记它们的商业模式是广告和市场营销。”她说：“它通过收集个人隐私信息，出售给广告商或供其开发产品，并且永无止境。”

林恩承认自己存在偏见，比如，她认为电视节目《罗杰斯先生的邻居》就是一种不同类型的互动体验。她说：“弗雷德·罗杰斯鼓励孩子们去思考和感受，并鼓励他们关掉电视。”

来自朗纳克夏令营的短信

数字设备只是父母教育子女的另一种方式，其实质还是辅助孩子成为有能力、独立的成年人。这些工具包括监督和衡量决策。所以，尽管我们许多“失落的一代”或“千禧一代”①的父母似乎都在为此而斗争，但是养育子女的确既需要设定规矩，也要放松管束。当我们想要在年轻的、可塑性强的孩子们身上养成良好习惯时，也要智慧地给予他们犯错的机会，让他们尝试后果，找到他们自己的节奏。

① 指20世纪60年代末到70年代中期出生的那拨人。——译者注

马特·史密斯（Matt Smith）是宾夕法尼亚州乡村地区朗纳克夏令营（Longacre）的负责人。我是去观摩营地的一个激进的实验时认识他的。

让我来还原当时的场景吧。在树木繁茂的山顶上星星点点地点缀着帐篷，这正是朗纳克夏令营营地，它有一个占地 200 英亩[①]的农场，这里的竞争精神吸引着许多父母带着他们的孩子乘直升机来参加夏令营。这些露营者被称为“农夫”，他们会给山羊挤奶，收集鸡蛋，采摘新鲜蔬菜，然后去附近的好时公园（Hershey Park）或当地的保龄球馆进行有益健康的活动。

朗纳克营地正是让孩子们摆脱电子小工具的完美场所。当你有很多朋友时，谁还需要迷恋应用程序呢？

这正是实验的意义所在。史密斯决定让他的营地与大多数夏令营与众不同。他没有让露营者在露营期间交出他们的手机和平板电脑，而是建立了一个新的“一切皆有可能”政策。

“一切皆有可能”可能真是夸大其词了。总有些时候是完全不允许使用数字产品的，比如划独木舟时就不可以玩 iPhone。但大多数情况下，即使在晚上，孩子们仍然可以保留电子产品。

这种政策背后的想法来自史密斯的信念：对于当今的青少

① 1 英亩 ≈ 4 047 平方米。——编者注

年，领导力并不是要学会掌控一切，而是让他们学会如何做决定、思考行动和设定界限。然而，史密斯说，我们对数字领域的持续依赖，阻碍了培养孩子的这些技能。

这一代人是第一个与之斗争的一代。他们是伴随着屏幕和智能手机长大的。“如果我们要为他们的生活做准备，那么一部分任务就是帮助他们在生活中找到自己与科技的平衡。”

因此，他决定找到解决这些露营者与数字产品和谐共处的方法，而不是强制实施管制。

这个决定并不是史密斯轻易做出的，他花了很长时间，在朗纳克夏令营中引起了很多争论。但是，如果朗纳克夏令营的目标是“让孩子们为长期的成功做好准备”，那么与数字产品的短暂隔绝并不会达到目的。他曾见过一些对电子产品上瘾的露营者，的确在整个夏天不使用电子产品，但当他们回到家或者回到学校时，马上会“拿起他们的数字产品恢复老习惯”。即使那些“不喜欢手机总带给他们这种上瘾感觉的人……”最终也没有改变他们的行为。

他说：“他们根本就没有驾驭科技产品的能力。”

不过，当我6月第一次跟史密斯谈话，在朗纳克夏令营新政策开始之前，他显得很焦虑。大概是因为他从参加过传统夏令营的家庭得到了反馈。他说，他们中许多人对此感到不满意，还对他非常失望。他甚至担心新政策对他的事业产生影响，尽管有些家长看到了新政策的潜在好处。史密斯认为，他们的担忧大多源于对传统夏令营的浪漫看法。许多前去露营的家长担心 iPhone 和诸如此类的东西，会破坏参加传统夏令营时没有数字产品，只有蚊子的嗡嗡声和汗水味儿的记忆。

可以这样说，史密斯在朗纳克夏令营强调的是“生活技能”，如果他们想要过去那种田园式、无技术产品的氛围，那么实际上有成千上万的活动满足他们。当我问他是否效仿另一个营地的新政策，他说：“当然不会，我们是独一无二的。”旅游夏令营和学术夏令营，让孩子们可以使用数字产品，但其他传统的夏令营没有。事实上，史密斯说，他收到了一个最大的惊喜，因为其他夏令营专业人员对他的“一切皆有可能”政策反响非常强烈。

因此，这是真正的开拓性夏令营。朗纳克夏令营在 2013 年的夏天，迎来了首批使用智能手机、平板电脑和其他数字设备的露营者。

第一天，露营者被要求将他们的数字产品交给史密斯，只是上交一周，以便第一周他们能面对面交流，增强了解。

之后，露营者们和他们的数字产品团聚了。一切开始变得一团糟。

孩子们跑向唯一一个有电的小屋。他们依靠宾夕法尼亚州乡村微弱的3G网络，躲在帐篷角落里发推特，更新脸书，发短信，打电话，玩游戏。

来自长岛的金米（Kimmy）重新拿起手机一个小时后描述了她“灵魂出窍”的经历：“我知道这听起来很奇怪，但我甚至都不知道自己身在何处。我是谁，等等，我是在和朋友聊天还是在露营？”

在手机开机时，“一切皆有可能”实验看起来就像一场灾难。上午10点到11点之间不能使用iPhone，从上午11点到中午可以使用iPhone。但正如所有优秀的夏令营负责人一样，史密斯没有偏离他的计划。他说，“我们在朗纳克夏令营所做的最重要事情就是要树立模范榜样”。这意味着顾问们不会使用脸书或色拉布，仅仅出于业务需要时，才会使用手机。第二件事是教育，他把有关科技的书籍介绍给露营者，并鼓励他们“与那些正在思考这个问题的人（包括他、顾问和其他一些露营者）”进行讨论。

教育和模范榜样？我承认我持怀疑态度，但当我7月下旬再访问朗纳克夏令营时，孩子们在使用数字产品时已变得更加平衡，甚至有些人对数字产品产生了哲学上的思考。在我逗留期间，我看到许多友好的拥抱和牵手。孩子们在厨房工作，做园艺，做套索指导，游泳，唱歌和洞穴探险。这很有趣。（允许使用电子设备也有不可预见的好处，比如提高了营地音乐的质量。）

史密斯说，在“一切皆有可能”政策开展之前，我们依赖收音机并且告诉孩子们要带音乐CD，这很麻烦。谁还有CD呢？用收音机播放一首夏天的歌，音效真是太糟糕了。

然而，最重要的是，许多露营者也主动限制自己使用数字产品的时间。

经常戴着耳机的孩子们看起来脏兮兮的。一些露营者禁止自己在吃饭时发短信。一个女孩甚至把手机交给了史密斯。她觉得与朋友和家人的不断联系重新点燃了她的思乡之情。不过症状在一周后开始减轻。大多数孩子能够在挤羊奶和给朋友发短信的过程中找到平衡。

总体上，史密斯说，他认为当这些小工具被藏起来时，他的露营者会更自在。“青少年想要社交，被接受，尝试新的行为，和他们的父母分开，”他说，“这些都是正常行为，我理解为什么社交媒体能吸引人。”但是营地和其他孩子也可以提供这些。

不过，史密斯可能对自己的回忆有偏见。在当下环境中长大的孩子们，与他们的父母相比，与科技的关系是不同的。科技产品和其他人一样完全融入人类的体验。正如一个十几岁的男孩所说：“人们不再把科技看作工具了，而是把它们视为朋友。”

数字化时代的一天，一个匿名的 13 岁孩子

——早上，我收拾整理东西，没玩手机。

——然后我上了公交车，玩《糖果传奇》，听音乐，刷照片墙，因为公交车上很无聊。

——看 YouTube，玩移动应用 Vine。或者登录照片墙，翻看名人和他们发布的信息。

——有人在推特上取笑我，所以我把他删掉了。13 岁的青少年使用推特的原因是他们喜欢跟踪他们迷恋的名人。

——我觉得有时候我需要关掉手机，因为我太无聊了。

——我认为青少年应该有一个小时的手机时间和两个小时的无手机时间。写家庭作业时应该把手机拿开。

挑战六：观察其他事物

“孩子们的好奇心”是一个常见的短语，但它到底意味着什么？当然，这不仅仅是，或者更重要的是，一幅田园诗般的画面，悠长假期，在大自然中跳绳、嬉戏——这可能正是对朗纳克夏令营新政策感到生气的父母们所期望的。

孩子们被科技吸引的一部分原因是他们没有被其他有趣的东西所吸引！当一切都是新生事物时，在经历和责任的重压面前，

当然会有好奇心，对世界上一切虚拟的或真实的事物充满好奇。

我想说，我们成年人同样需要为自己重新找回一些线下的好奇心。它不仅会给我们带来刺激，而且，正如史密斯所建议的，教育孩子最好的方法就是为他们树立榜样。为什么我们想让孩子们从脸书或《我的世界》（不管教育程度如何）中解脱出来？因为我们想让他们抬起小脑袋看看周围发生的一切。但是，当我们自己都盯着屏幕时，我们该如何树立良好行为的模范呢？

我们倒数第二项挑战，将训练我们整个星期都关注未来学家瑞塔·金所说的“无法发现的生活细节”的注意力。现在，不再浏览陌生人的自拍照、婴儿照，而是认真看看周围到底发生了什么，正如第一次参加“放空”挑战的许多人所表示的那样，事实证明，这会更有趣。

给你的任务非常简单：到一个公共场所逗留一段时间，可以是公园、购物中心、加油站、咖啡厅、公司或学校走廊。观察人们、鸟或者任何打动你的事物。不需要在公园的长椅上坐一个小时，你可以自由决定时间长短。如果你真的觉得在观察地逗留不舒服，那么你可以边走边做这个练习。但它应该不同于挑战二——在路上让你的手机保持在视线之外。在这个挑战里，要求你停下来，想象一个人在想什么，或者放大观察一个没弄明白的细节。只要做一个小小的观察，但是如果你的眼睛粘在屏幕上，你就可能会错过。我要求你们专注，因为注意力是创造的第一步。

我很喜欢下面这个来自一位艺术学生妮莎·艾哈迈德的故事，因为它展示了简单的专注是如何导致智力连接、创造性行为和个人洞察力的。在她的故事中，你可以发现其实观察可以随时随地进行，因为妮莎就不是在一个新的或公共的地方，而是在她自己的家里，观察了她在20岁时拥有的东西。

“在挑战中，我开始更仔细地看待事物，在家中的墙上我看到了一张装框良好的明信片，”妮莎写道，“20多年前，我在加拿大的一个博物馆里，得到了这张明信片，它一直很吸引我。大学时我把它贴在书桌上，从那以后，我都把它放在我生活中的显著位置。”妮莎说图片上是一位“令人难以忘怀的老原住民”。作为加拿大原住民的后代，她说：“再次看到这个画面，我对这位画家、画的主题和背后的故事产生了好奇。”她把明信片从画框中取出，看到了这幅画的名字《老迈克》，但这位画家的名字已经看不清了。

在进行了研究之后，妮莎发现这位画家名叫亚瑟·希尔（Arthur Shilling），他是加拿大奥吉布韦人，1985年去世，年仅44岁。这促使她买了一本书《奥吉布韦的梦想》，这是希尔创作的奥吉布韦人系列画作，其中包括这位画家在去世前所写的文字。

妮莎写道："我一直在研究他的技术，以及他如何用细微之处创造出如此富有表现力的肖像。所以今天早上上班时，在查看电子邮件之前，我静静地坐了几分钟，这是'放空'项目的成果，但我的潜意识里仍然藏着亚瑟·希尔和他的肖像。于是，我拿起一支笔和一个便笺本，试图通过简单、宽阔的笔触，按照希尔的方式，画出一幅草图。我以前从来没有试图画过一张脸，当然，如果不是希尔，我肯定还是停留在思想中而不是付诸行动。"

妮莎的故事囊括了"放空"项目想要实现的一切目标：让你的思绪在任何它想去的地方游荡；以新的方式看待旧事物；建立新的联系；小小的冒险；让自己感到惊讶。

我自己的小观察仍在继续。我现在注意到，人们经常在人行道上自言自语。我看到一个 11 岁左右的女孩，在回家的路上，兴致勃勃地自言自语，有几句还大声地说了出来。我怀疑她是在为第二天如何在操场上和那些酷女孩聊天，排练她的面部表情，讲的是她爸爸准备好的有趣笑话。还有午饭时间，我跑出工作室去拿沙拉，看见一位年长的女士，黑发绾成了一个圆髻。我想她甚至不知道自己在一边走一边扬起她的眉毛，做出 O 形嘴的表情。我只能猜测她是在重演她刚刚接到的一个电话，这个电话来自与她在网上打情骂俏的男人。他最终决定从伦敦订一张票，实际上是来见她，或只是我想象的那样。

挑战升级

记录你通过注意所观察到的，而不是仅仅注意，你的行为会变得更加活跃。不要评判你的观察，或你自己。把你看到的东西按你认为合适的方式写下来。在作者琼·迪迪安（Joan Didion）的文章《随笔》（*On Keeping a Notebook*）中，她把自己的笔记描述为“脑子里的一根弦，太短，不能使用，是一种不加选择的、古怪的组合，只对其创造者有意义”。另一位作家兼支持者加里·施特恩加特（Gary Shteyngart）说：“你需要成为索尔·贝娄[①]（Saul Bellow）所称的伟大的观察者，注意你周围的一切。”施特恩加特回忆说，在 iPhone 时代前，他会坐出租车去市中心，盯着窗外，注意到许许多多的事物。当他到家时，他也会把它们都记下来。“现在我什么都注意不到，因为我在发推特，”他半开玩笑地说，“像我这样的人，真正失去的是活在世上的能力。”

如果你选择做这个挑战升级，我建议使用一个真正的笔

---

① 索尔·贝娄（1915—2005 年），美国作家，被称为美国当代文学发言人，1976 年的诺贝尔文学奖得主及普利策奖获得者，代表作：《洪堡的礼物》《奥吉·玛琪历险记》《赫索格》等。——编者注

记本，而不是你手机上的电子笔记本。在纸上和在手机里的笔记本上写字是有区别的。（是的，这方面有科学研究。）你不必成为一个作家去体验艺术的影响。瑞塔·金保证说，每天记下那些细节“会让你的大脑感觉不同，更好，更有创意”。

挑战六的评语

我注意到下午5点45分，天空中的晚霞。所以即使周围白雪皑皑，白天也变长了。

——布赖恩

我向对面望去，有一个人孤零零地坐在桌旁。他一手抓着鱼和薯条，一手从口袋里掏出胡椒粉罐。他在鱼和薯片上放了些胡椒粉，然后把胡椒粉罐放回口袋里。我想，他随身携带胡椒粉罐是因为他吃任何食物都必须放胡椒粉。

——莉萨

我坐在咖啡馆里，我注意到我的iPhone屏幕在闪烁。抬起头，我才意识到这其实是鸟儿飞翔的倒影。这真的超酷！

——瓦莱里娅

游离

第八章 / 游离

我们总是喜欢做自己喜欢的事情，正因为如此，我们一成不变。未知领域、不喜欢或者恐惧的东西，正是你突破自己的地方。

——玛丽娜·阿布拉莫维奇

2010 年，行为艺术家玛丽娜·阿布拉莫维奇（Marina Abramovic）打破了现代艺术博物馆的参观纪录，当时有 85 万人来参观她的展览，其中许多人为参观她的作品《艺术家在场》（*The Artist Is Present*）彻夜排队。

现在我们大多数人，即使是艺术爱好者，都可以选择坐在舒适的沙发上，吃着零食观看网飞（Netflix），而不会去博物馆看现场展览。是什么激发了人们的热情，让他们在纽约的人行道上彻夜等候入场呢？因为这个作品很有趣。在明亮的灯光下，阿布拉莫维奇每星期 6 天，每天坐在一张直椅子上 7 个小时。你只需要坐在她面前，直视着她的眼睛，一直这样坐着，直到你再也受不了，转身离场。

有 1 400 人应阿布拉莫维奇邀请参加这个作品，其中包括很多名人，如卢·里德[①]（Lou Reed）、詹姆斯·弗兰科[②]（James Franco）、莎朗·斯通[③]（Sharon Stone）、杰米玛·科克[④]（Jemima Kirke）和比约克[⑤]（Bjork）。有些人只待了一分钟，还有几个人坐了一整天。与她对视的人很快就组成了一个俱乐部。与她对视的许多人深受感动，有些还哭了起来。无声对视只是层表皮，剥去形式的外衣，背后的精神力量才是它的本质。

她向《观察家报》表示："我给人们一个空间，让他们静静地坐下来，与我进行深入、无声的沟通。我几乎什么也没做，但是他们从中获得了宗教般的体验。艺术早已经失去了这种力量，但是纽约现代艺术博物馆在那一刻就像神圣的卢尔德[⑥]一样。"

---

① 卢·里德（1942—2013 年），美国摇滚乐歌手与吉他手，纽约前"地下丝绒"乐队主唱。——编者注

② 詹姆斯·弗兰科，美国电影演员、导演、作家等。——编者注

③ 莎朗·斯通，美国演员。——编者注

④ 杰米玛·科克，美国演员。——编者注

⑤ 比约克，冰岛歌手，曾获第 53 届戛纳国际电影节最佳女演员奖。——编者注

⑥ 卢尔德市（Lourdes）位于法国南部接近西班牙边界的波河（Gave de Pau）岸边。1858 年，有一位 14 岁的牧羊女贝尔娜岱特（Bernadette）来到波河岸的洞穴附近拾柴，圣母玛利亚突然出现在她的面前。此后圣母玛利亚曾 18 次出现在同一个地方。有一天，圣母对小女孩说："请到河边喝点水，洗洗脸！"当小女孩挖开洞穴附近的地面时，泉水喷涌而出，并多次出现用泉水治愈疾病的奇迹。正因如此，这个小城成了天主教最大的朝圣地，每年来自 150 多个国家的朝圣者达 500 万人，尤其是对于患疾病的人来说，此地成了最重要的圣地。——译者注

阿布拉莫维奇所做的一切就是把自己和周围的人推到极限，去接触人性，好的或坏的，看看能够走多远。她的核心目标是让她的观众以及她自己在时间和空间中更有存在感。为此，她的许多努力，包括她的阿布拉莫维奇法则（Abramovi Method），一系列有目的的行为艺术，比如简单地走过一个房间，都是为了对抗“日常生活的急剧冲击”。

2015 年，她的作品是《哥德堡》（*Goldberg*）：钢琴家伊戈尔·莱维特（Igor Levit）在纽约军工厂里演奏了巴赫的《哥德堡变奏曲》（*Goldberg Variations*）。这是一种以最严格的方式限制人们分心的体验。表演持续了近两周，每天晚上，当观众们入场后，他们必须把手表、电话、电脑或其他设备放在储物柜里，不允许带入演出场地。然后，他们走进军械库的一张半圆形舞台上，舞台上放置着数百张白布甲板椅。每把椅子都配有一副降噪耳机。当一声锣响，观众戴上耳机，在接下来的 30 分钟里，坐在椅子里保持沉默，不做任何事情。没有数字产品，没有分心，只有昏暗的灯光和完美的陌生人陪伴在你身边。（是的，听到自己呼吸的声音几乎震耳欲聋，就像第一次潜水。）

“当然，我预计对于大多数人来说前 15 分钟是地狱，因为他们不习惯独处。”阿布拉莫维奇告诉我，“当戴上耳机，你甚至能听到自己的心跳声。你比以往任何时候都更了解自己。但是 10

或 15 分钟之后，你的呼吸开始变慢。头脑变得安静。你开始感受到好处。但是你必须经过 15 分钟才能达到这种状态。”

沉默将帮助观众们在精神上、身体上做好欣赏哥德堡音乐会的准备，通常观众们乘出租车或地铁匆匆赶往音乐会，在走进音乐厅之前接听最后一个电话，在熄灯前还要最后查看一次推特。阿布拉莫维奇说，通常情况下，“你并没有做好欣赏音乐会的准备”。

在举办哥德堡演奏会之前的几个月，她曾在《纽约时报》上看过有关马勒音乐会的报道，现场观众发短信，互相交谈，甚至让他们的电话响起。阿布拉莫维奇对此非常震惊。她说：“如果伊戈尔用足够的自律去用心学习《哥德堡变奏曲》，86 分钟的音乐，以最不可思议的神奇方式演奏，我们也应当依靠自律来尊重这场演出。”

然而，除了表达对音乐家的尊重，她还有一种期望，那就是给观众带来一种“全新的体验”，这种体验比李维特（Levit）的名家演奏还要深刻。正如扎卡里·伍尔夫（Zachary Woolf）为《纽约时报》撰写的对哥德堡音乐会的评论中所写的那样，表演是精妙绝伦的，“但我的脑海里还不断回响那悠闲安静的半小时前奏。我从来没有把沉默看作一种我们所需要的商品”。

阿布拉莫维奇认为，我们生活的现代世界不断让人分心。人们越来越不能耐心地与自己交流。观众们不得不上交手表和电话的那一刻，她说：“你认为你与一切断开了联系。但问题是，你与什么断开了联系？实际上，你在拥有了这些东西后，就在不断地与自己脱节。”

对于相信通过“绝对开放的心和好奇心”来接近世界的阿布拉莫维奇来说，“我们生存的唯一途径就是回归简单”。

我的做法可能不会像阿布拉莫维奇那么戏剧性。（当涉及戏剧艺术时，没有人能与她相提并论。）但是，是的，这就是“放空”计划的全部内容：在丢弃一些为我们带来信息和即时生产力的工具的同时，确保我们可以重获一些简单和奇妙的东西，正是这些东西为我们带来更深层次的创造力、洞察力和平静。

关闭我们的设备实际上只是这个过程的开始。正如 S.A. 阿列克谢耶维奇（Svetlana Alexievich），在 2015 年诺贝尔文学奖发表获奖感言时所说：“自由并不是我们梦寐以求的瞬间假日，而是一条漫长的道路。”虽然这位英勇的白俄罗斯纪实作家谈论的是极权政权倒台后的人性，而不是当你删除了《糖果传奇》之后应该做什么。

拥抱无聊，需要我们选择如何利用我们的时间。为了不让自己重新回到整日碌碌无为的状态，我们需要允许自己对忙碌的狂热说“不”。正如阿布拉莫维奇向哥德堡演奏会的观众提出的挑战，当我们让自己的思想游走并重新与自己沟通时，我们必须问自己在害怕什么。这说起来容易，做起来难，借助具体工具，如阿布拉莫维奇的方法，可以最快地让你的思想重新游走并与自己对话。

但我们并不是先锋派艺术家，也不都是能买得起哥德堡这类活动门票的有钱人。什么样的工具，我们所有人都可以轻松获得？那就是我们在前一章中讨论的，积极地观察周围的世界，它是进入这种模式的一种方式。在第七章中，描述“不可发现的细节”的未来学家瑞塔·金将这个过程看作她创造力的核心。通过此过程，她能想出其他人无法想象的合理场景。电影公司雇用了她，因为它们有一部以未来为背景的电影，它们希望它看起来充满科幻色彩，离我们很遥远，但仍然可信。例如，从现在开始的未来一两个世纪，城镇或村庄会是什么样子？城镇或村庄的居民每天都在做什么？也有公司聘请金预测几十年后的消费者习惯。

具有讽刺意味的是，金说，让人们公认她是未来学家的秘诀恰恰是“彻底地活在当下”，这是她通过记录“让环境变得独一无二的小事情”而实现的。这可以是任何东西，比如在餐厅偷听隔壁就餐者对话的片段，某人毛衣的颜色，或者是一只鸟飞过天空的方式。“我没有水晶球，即使我是一个专业的未来学家，”金说，“但我一直保持做笔记的习惯，我把我看到的东西写下来。”

根据金的说法，最伟大的创意始于最微小的观察。一个无法发现的细节可能会像滚雪球一样形成一个全面而富有想象力的想法，让观察者完全“重新看到”他周围的环境。这一过程的美妙之处在于，你不需要关注大的想法，只需要关注微小的细节。通过走神，你的大脑会自动照顾到其他事情。

走神与正念

简单说说走神和正念之间的区别和关系，以及它们各自的优势。冥想和正念之所以流行，是因为它们可以驯服那些因信息过载而产生的无用想法。专注于呼吸，清理心灵可以帮助人们更积极，更冷静，更有效地调节情绪。尽管科学证明冥想有好处，但它也可能会抑制你的创造力。

耶鲁大学布鲁尔博士（Judson Brewer）在2011年的一项大脑核磁共振研究中发现，在有经验的冥想者中，大脑默认模式网络被停用。布鲁尔在医学院开始把冥想作为一种管理压力的方法，他现在是公认的成瘾治疗正念训练专家，使用三种正念冥想方式来为人们治疗。（包括让被治疗者专注于呼吸，重复表达有爱心的短语，以及不加选择地将注意力集中于脑海中出现的任何物体上。三个研究都表明“默认模式网络的差异与走神的减少相一致”。）

这为我们提出了一个难题。正念冥想可以缓解压力，但也关闭了大脑中与白日梦有关的区域。这是我们最原始创意产生的地方，然而所有在大脑默认模式网络中进行的思维跳跃，都可能会堆积到那种糟糕的漫不经心或胡思乱想的感觉上；或者它可以成为滋生负面思想的肥沃土壤。想象力研究所的斯科特·巴里·考夫曼曾思考过正念与走神之间的矛盾，他说，两者可以通过“理解你可以用不同的方式来保持正念以及你可以对不同的事物保持正念”来调和。

考夫曼认为，并非所有的冥想练习都是一样的。鼓励你放下所有的想法（专注于呼吸等）的正念练习，是没有创造力的。当然，这些形式对于许多寻求减轻焦虑的人来说是非常有价值的，如果这是你的目标，当然你应该继续你的练习。但是，鼓励你注意体验的“开放式监控冥想”练习可以开启走神模式。他说：“积极的、开放的意识冥想，让你不带偏见地接受周围环境中出现的任何想法。这是一种最有利于创造力的正念形式。”

/ 在分心的时代保持专注 /

格雷戈·麦吉沃恩（Greg McKeown）在帮助人们找出他们应该如何利用时间方面做了全面的工作。麦吉沃恩创建了领导力培训公司（该公司的高管们来自谷歌、领英和皮克斯），以帮助人们磨炼在麦吉沃恩的畅销书《精要主义：如何应对拥挤不堪的工作与生活》中列出的原则。

麦吉沃恩的原则是只做该做的事情，并围绕这个事情“设计人生”。他把这个过程分解为三个基本步骤，第一步是“探索：区分无意义的多数和有意义的少数”。第二步是“排除：摆脱无意义的多数”。第三步是“执行：让有意义的少数做起来毫不费力”。

我试图在每年的 8 月执行“精要主义”列出的方法：自我重置一个月。但我想知道的是，大多数人是否已经感到不堪重负，而不敢问自己（每隔一段时间，更不用说每天都问）正在做的事情是不是应该做的事，是否那件事能让我们更接近更伟大的目标。

麦吉沃恩说，是的，人们被琐事弄得头昏脑涨，他们感觉“忙碌但没有效率”，正是因为他们正在做出默认的决定。有时候这些都是心理上的默认，比如，对所有的工作或家庭要求都说

“好”的习惯，因为你担心一旦说“不”，别人会不喜欢你。但正如我们所看到的，科技在我们的生活中继续扮演着更重要的角色。每天面对这么多的选择，我们许多人没有精力去选择，因而把决定权留给我们的设备。

“科技创造了伟大的仆人，可怜的主人，”麦吉沃恩说，“有很多消费技术的方式与你想做的不一致。”不过，你可不要以为那个向全世界公司谈论如何专注于重要事情的大牌咨询师麦吉沃恩不会陷入技术时代的泥潭……“有无数次我发现自己在处理电子邮件或其他不需要做的事情，”他说，“不知道我的墓志铭是否会有人读到，我想我的墓志铭应该是这样的：‘他查阅过很多电子邮件。’”（如果这是麦吉沃恩的墓志铭，我的墓志铭则可以这样写：“她点击链接，保存了很多文章，计划有时间再读，然后再没读过。”）

这位商人、演说家、作者以及四个孩子的父亲（“我不是个精要主义者”，麦吉沃恩承认）与我们其他人一样，在与日常数字任务做斗争。有趣的是，他认为他最大的障碍不是信息超载，而是“意见超负荷”，他本身并不反对社交媒体，“但是我们必须学会生活在一个任何人都可以对你所做的任何事情发表意见的世界里。不管他们是否有有效的信息或者你是否重视他们的意见”。互联网巨人、推特恶霸和脸书侵略者，这足以让一个充满灵感的企业家头大。“当我早晨醒来时，”麦吉沃恩说，“我不记得对我重要的东西了。”

到目前为止，科技是有史以来最大的干扰，因此麦吉沃恩认为我们必须提高使用科技的意识和做选择的能力。他说：“技术是事件的推动者，而我们不知道事件是什么就太不应该了。”

这让我们回到“精要主义”或“指定优先权”，这是麦吉沃恩最喜欢的词汇之一，他的书中写到，他发现“优先”一词在15世纪首先出现在英语中时，是单数，是指“第一件或以前的事情。显然，在接下来的500年里，它仍然是单数”。直到工业革命时期，人们不得不面对多个同时进行的活动（一边用洗衣机洗衣服，吸尘器吸尘，一边照顾孩子），该词才变为复数，不可避免地原来的概念也改变了。麦吉沃恩问道：“我们怎么能有多个第一、最重要的事情？当然，我们不能。”

然而，我们尝试同时做许多个优先的事情。从来没有比现在更多的优先项了。

每当优先事项激增时，都会使麦吉沃恩抓狂。举个例子，当他把汽车收音机调到美国国家公共电台时，一位新市长正在接受采访，他在回答关于三个优先事项的问题时说道，他有二十多个优先事项，每个都非常重要。麦吉沃恩想尖叫“不”！“这就像是第二次用慢镜头观看一部坏电影，”他说，“我们以前见过这样的后果——如果你试着每件事都做一点，你就会在 100 万个方向上取得一毫米的进步。”市长管理的城市面临着真正的挑战，需要权衡利弊，资源投入的方向不同最终结果也会造成巨大的差异。我们可以把这座城市看作每个人的生活。

麦吉沃恩认识到转向“精要主义”是我们大多数人“思维定式的重大转变”。但他坚持认为，“几乎所有东西都不重要，只有极少东西非常有价值”。只要你有了这个认识，你就会自然地、凭直觉地说：“我要花时间去琢磨这个问题。”

麦吉沃恩说，这个过程从“个人从线上离开”（最好每 90 天离开一次）开始。他说，以他为纳帕谷（Napa Valley）高级企业领导者设计的一次行动为蓝本，这项任务可以在任何地方由任何人完成。（纳帕谷公司发起了一个“巨型社会实验”，邀请整个洛杉矶市民参加虚拟的个人离线活动。）离线活动的目的是让我们反思，在我们的生活中什么是重要的。得出答案后，你可以以网格的形式创建一个一页纸的人生规划，在上面确定你的前五个角色。他建议人们用铅笔做这些练习，这样各步骤就可以通过他所谓的“网格浏览”方式继续发展。“每天早上，在拿手机之前，你要做的第一件事就是拿出网格，然后做微小的调整，”他说，“只需要三秒钟看看这个页面……这种积累可能会改变你的生活。”

“精要主义”的要旨是给你自己时间和空间，找出对你重要的事情，然后不断地检查，以采取步骤来实现你最初的目标。这个过程是持续的，但麦吉沃恩说，结果值得警惕。有一些人使用他的方法后，实现了巨大改变。一名女性成功地为自己的婚礼争取了五天的假期，此前她从未与管理层谈判过。当她的老板在最后一刻试图反悔时，她甚至做出了反击。她为自己的新进取心感到自豪，并把这件事写进了自己的誓言中。麦吉沃恩说：“人们有权不走寻常路。”

虽然“精要主义”的工作，或任何让自己集中注意力的方法，似乎会带来更多工作，甚至是苦差事，但麦吉沃恩认为这是值得的。他说，“这是喜悦和惊喜。这很神奇”，像“例行公事”这样的词会得到不好的评价，但“例行公事”本身并没有什么不好，除非你的“例行公事”里充满了你讨厌做的事情。

以他的商业伙伴肖恩·范德霍温（Shawn Vanderhoven）为例，范德霍温在他离线后的日常生活中，将其主要角色之一设定为“有趣的父亲”。为了完成这个重要角色，范德霍温调整了他的每周时间表，增加了与他的三个儿子一起冲浪这一项。他们现在有一整个下午的时间在水中玩耍，玩得很开心。

听起来很简单吧？唉，如果你曾经试图改变你生活中的惯例，你会知道它有多艰难。麦吉沃恩的建议是：去试试做出微小的改变吧。“你可以试着把重要的事情加入例行工作中，这能做到，”他说，“但你必须从小处着手，对自己温柔一点。享受旅程。如果你陷入琐碎的事情而不是重要的事情，那么你就会被打垮。”

我决定成为“活在当下的母亲”，在星期五接送孩子们。从我在纽约公共广播电台工作的第一天开始，我就按计划留出了周五的下午。这并不总是顺利，除非是非常重要的采访或会议，我才会牺牲那些在操场上和孩子们在一起的时间。

太空学员规则①

网格浏览并不是实现目标的唯一方法。无聊，或者更具体地说，走神、自我规划都可行，这是一种奇特的、科学的方式，用来描述我们的大脑是如何思考，并计划我们的步骤，以实现我们的个人目标，并在很长一段时间内组织我们的生活的。

约克大学乔纳森·斯莫尔伍德说：“我们人类的生活非

---

①《太空学员》为英国轰动世界媒体的真人秀节目。九名节目参与者被告知，他们将到俄罗斯“星城”接受太空训练，然后选出四人乘坐航天飞机飞入太空，成为地球上首批免费的太空游客。然而，所谓的“星城”只不过是一个废弃的英国空军基地，而那架“航天飞机”则是一架仿真版的好莱坞电影道具。——译者注

常复杂，并不总是活在当下。我们在过去和未来花费了太多时间。”

斯莫尔伍德2011年关于走神的研究发现，认知活动“主要以未来为重点”“经常涉及自我规划”。研究报告指出，这些对于个人在日常生活中的运用是有用的。

认知神经科学教授用学校的例子来说明他的观点。他说：“在学校生活的每一个时刻，你通常都会面临在学习和聚会之间的选择，显然，好事情可能是派对，因为这很好玩。但是从长远来看，你需要的是学习，因为这将为未来创造机会，可能为你带来更好的工作和更稳定的关系。”

无论你是博士生还是职业乒乓球员，成功的关键在于衡量利弊，然后制订行动计划。另一种选择是长时间坐着不动，或者感觉被困在一份工作或一种你甚至不记得自己是如何进入的情况中。斯莫尔伍德说：“白日梦状态就是帮助人们组织规划自己，这样他们就可以做很复杂的事情，因为这需要花费很多时间去做。”

/ 正念能成为创造力的助力吗？ /

陈一鸣2015年从谷歌退休，他是典型的“精要主义者”。这位工程师不仅仅是《纽约时报》两届畅销书作者，他还是“10亿次和平行动”的联合主席，他已经获得诺贝尔和平奖八次提名。同时他也是“搜索内在的自己领导力研究所”（the Search Inside Yourself Leadership Institute）的主席，这是一个旨在促进全世界正念和情商的组织。

陈一鸣说：“当我决定从谷歌退休时，我最直接的动力就是花更多的时间在冥想上。”他决定像职业音乐家或专业运动员的训练一样，连续 40 天，每天冥想三个小时。

“我的电子邮件、待办事项清单开始堆积如山。这就是我退休的原因，不再为技术，而为成为一名全职的精神运动员。”

我们需要介绍一下他。陈一鸣在成为正念明星之前，曾是谷歌最资深的软件工程师，2000 年 7 月加入谷歌，工号为 107。他有人工智能和心智训练的背景。他开始冥想是在他 21 岁生日时。在此之前，他说：“我很痛苦。我必须学会快乐。”（他把自己的消极状态归咎于“失去活力的基因”。）他的幸福课程始于参加一位藏传佛教喇嘛的讲座，他当即决定学习冥想。

他有一次顿悟的经验。2003 年，他有一次在谷歌办公楼下散步，“思绪游荡”。“突然，我明白了我这辈子想做的事，就是在我有生之年为世界和平创造条件”，他说。

对陈来说，为了创造和平的条件，需要有一种方法来“在世界范围内扩大内心的和平、喜悦和同情”，他开始像任何顶级工程师一样着手解决世界上的问题。他创建了一个项目，其最终目标是实现内心的转变，但有一个更能引起共鸣的动机：个人的成功。还有什么更好的方式来吸引这些硅谷谷歌总部周围的A型血成功人士呢？他可以教会他们在工作中表现得更好，同时也会为他们带来平和、快乐和同情心。陈为他的同事们设计了一套课程，该课程完全以科学为依据，其术语是精确的，并在商业世界中得到应用。他把他的课程叫作“搜索内在的自己”（SIY）。

而今天，正念和星巴克一样常见。陈说，这很奇怪：“这门课花了一段时间才流行起来，但口碑很快就传开了。很快，在谷歌提供的数百门课程中，‘搜索内在的自己’成为最受欢迎的课程之一。”

许多谷歌员工称陈的课程会“改变生活”。这听起来更像形容新纪元灵修师的夸张话语，而不是形容核心工程师的用语。但陈说，学习冥想可以改变一个人生活的许多方面，就像身体健康可以改善一系列健康问题：从睡眠到自信。他说，“正念和冥想”是对心智的训练。

这些谷歌员工经历的不仅仅是内心转变。那些上了课程的员工得到了直接归因于新思维能力带来的实实在在的好处。工程师解决了棘手的问题并获得了晋升。经理们找到了问题的根源并修复了不好的工作关系。他们的配偶说他们变得更快乐了。

这就是为什么陈一鸣在谷歌的最后一个头衔是“快乐的好伙伴”，非常合适，尽管他说，这“开始是一个玩笑，就像我生命中的大多数事情一样”。

谷歌的内部传统是：公司最高级别的工程师可获得谷歌研究员的称号。有一天，陈开玩笑说：“当你可以成为快乐的好伙伴时，为什么要成为一名谷歌研究员？”每个人都笑了起来。于是，他把这个新造的职务印在他的官方名片上，括号中写着“谁也不能否认”，而且也没有告诉人力资源部。幽默的是，谷歌的人力资源部门让他保留了这个头衔。

尽管他离开了谷歌，陈仍然是一个快乐的人，通过强调“安逸和快乐”来传播正念。无论是在他的研讨会还是他的书《硅谷最受欢迎的情商课》[①]（*Search Inside Yourself*）和《快乐的需求》（*Joy on Demand*）中，他都提出了一种毫不神秘的冥想方法。大多数人都被正念吓倒了，因为“他们去上正念的第一堂课，然后老师，通常是光头的人，说，现在让我们坐一个小时”。什么？一个小时？你在跟我开玩笑吗？

在《快乐的需求》一书中，正念的第一个练习是简单的呼

① 该书于2013年由中信出版集团出版。——编者注

吸。他说："一次呼气，一次吸气，能完全而温和地帮助人们集中注意力。当人们这样做时，他们已经感觉好多了。"

陈说，这一切都是为了激活松弛反应，使心率降低，肌肉松弛。他说："如果你的训练强度很大，只需要很短时间的练习就能带来很多好处。"

陈的十秒钟冥想练习

这是陈制作的一个简短冥想练习，证明了冥想像谷歌搜索引擎一样快捷有用。该练习能增加你的善意，让你更快乐。

（1）将一个人带入你的头脑，最好是你关心的人。

（2）想想 / 希望这个人快乐。

（3）保持三次呼吸，呼气、吸气。

（4）每天都坚持这样做，把你希望别人幸福的愿望变成一种习惯……也会给你带来快乐。

冥想可能会使我们更友善，更快乐，但是为什么又说它不利于产生创意呢？陈提到他在沉思时有很多好的想法和见解冒出来。是通过冥想传播信息还是别的什么？陈认为，答案既是肯定又是否定。

他说："正念不是一种认知能力，就像走神一样。正念是一种关注能力。最初只是为了稳定你的注意力。"

陈指的是冥想的第一步：通过将注意力完全集中在呼吸上来训练你的注意力。从某种意义上说，这是在大型比赛之前，给你的精神肌肉热身。简单的呼吸技巧，比如每次呼气时说"一"能够集中我们的注意力，清除其他一切。"最终，心里只有呼吸，"陈说，"这种心态很平静，但不利于创造力。"

陈解释说，当我们冷静下来，思考变得缓慢，但思想并没有完全停止。在这种状态下，思想变得越来越慢，越来越清晰。因为它们比较慢，所以它们更容易被捕获，就像在寒冷水域中缓慢游动的鱼。陈说："看到思想的清晰程度提高了，在那个状态下，对我来说，心灵是最有创造力的。轻松而又警觉，想法则刚刚开始出现。"

因为陈在正念方面有很丰富的经验，所以当他想要激发一些创造力而不是放松时，可以选择另一种"开放注意力"的冥想模式。他说："我每时每刻都在运用非判断性的注意力。但是，这一次，我允许思想来去自如。我成为观察者，观察思绪的河流。这个时候的头脑非常有利于产生创造力。"

如果你认为能看着自己的思想在不知不觉中飘过，而不感到内疚、焦虑或不安，这就是禅宗版的“圣杯”[①]，你几乎是对的，但是等等，还可以更深入。随着冥想，思维变得越来越平静，最终你可以选择完全关闭它。“你可以进入一个没有任何想法的状态，”陈回忆起与著名的灵性作家埃克哈特·托利（Eckhart Tolle）共进午餐的情景。他的著作《当下的力量》(*The Power of Now*）一书已售出数百万册，并被翻译成33种语言。他告诉陈：“我一生中最大的成就就是当我不想思考时，我就不用思考。”

对于这位与奥普拉·温弗瑞（Oprah Winfrey）共同主持了一系列网络研讨会的人来说，这是最大的成就吗？我们大多数人在上网、玩电子游戏或使用社交媒体时，是不是我们的大脑也关闭了？

“这分散了我们的大脑注意力，”陈纠正道，“它并未被关掉。”

不要误解陈。他并不反对这些科技小玩意。这个曾经的谷歌工程师是《精灵宝可梦GO》的狂热粉丝。他非常擅长玩这个小游戏，他说：“我每天都玩，达到了25级，我太太玩到了26级。”

陈认为区分积极和消极使用科技的主要因素是你的意图。由于长期的冥想练习，他头脑清楚，足以洞察自己的行为。《精灵

---

① 据说圣杯是耶稣基督在最后的晚餐上饮葡萄酒的用具。之后，圣杯几经转手，最后竟下落不明。遂引出许多以寻找圣杯为题材的故事。于是，它现在常被用来比作“无处寻觅的稀世珍宝”。——译者注

宝可梦 GO》会让他走出家门，在公园四处跑动，寻找游戏中的人物。他说：“我注意到它对我的作用，并且知道我这样做的原因。所以我对这个游戏保持开放的态度。”

当你无意识时，那并不好。他说：“我把它称为垃圾冲浪。在脸书上浏览好几个小时，不做任何事情，消化的信息如同吃的垃圾食品。”

为了消化信息，你需要集中注意力，或者如陈所言，“信息的货币是注意力”。过多的信息，通过盲目地消费所有的垃圾信息，将导致注意力的匮乏。

据陈介绍，解决这个问题的第一步是意识到这一切正在发生。他说：“解决方案是洞察力和意识，对思想有一定程度的掌控力。也许你整天都泡在脸书上，但现在你刷脸书时，可以有意识地去做。”

挑战七：感受真正的无聊

第七步是最后一步，也是前六步的高潮。你已经很好地回顾了你的数字生活习惯，有目的地使用技术，放弃随时拍照，更关注屏幕之外的生活。现在试试把所有的挑战放在一起，去享受无聊，真正的无聊，这样做，你可以开发自省力、创造力、发现力和勇气的新高度。

以下是对这个挑战的说明：

第一步：找出生活中让你困扰、躲避或彻底恐惧的一个方面。它可能是一件大事，如一条新的职业道路，或者是一些特别小的事情，比如为什么你从来不为度假做攻略，如果你真去度假的话，你会去哪里。又如对你橱柜里的干货进行一个合理的收纳。关键是你要想到这个问题，每当你想解决这个问题时，你就会停止刷你的脸书了。

第二步：留出30分钟，让自己完全不受干扰，没有孩子，也没有朋友来访。把你的手机、平板电脑、笔记本电脑或任何其他数字设备都收起来。在炉子上放一大壶水，看着它沸腾。如果你没有炉子或锅，找一小片纸，尽可能小地写上“1，0，1，0……”，直到写满纸。

第三步：在完成第二步之后，你会感到极度无聊，坐下来，拿笔和本子，把你的注意力放在第一步中确定的问题上。就像桑迪·曼恩博士关于电话簿和纸杯的实验，你会产生新的创造力并专注于你选择的任何主题。如果你是一个视觉型的人，你要解决的问题需要画画（也许是一个新的卧室布局），那就画吧。如果你酷爱列清单，那么列出清单。关键是想出新的想法，并把它们写在纸上。现在不要担心计划的执行，它迟早会完成的。目前，我们的目标是用无聊来为你的问题创造绝妙、出色的解决方案。

挑战七的评语

我提出了一个非常棘手的问题：在我的工作要做完时，我是重新调整还是完全返工？并做了一个很好的开始清单。

——安德鲁

我真的很想把我家周围成堆的纸都清理掉。仅在我的厨房里，我就有两个装满了东西的抽屉，一个堆着随机的重要文件，另一个堆着与孩子有关的重要文件。家庭办公室的纸堆就更多了。我想清理掉这些纸！我写完“1，0，1，0……”后，不得不说，这绝对是今年写得最多的字……也许是我毕业以后手写最多的东西了，但是我想出了解决方案：我需要尽可能地无纸化，我需要在我的衣柜里放一个专门的包，来放那些我网购回来需要退的东西，而不是把它们放在外面的箱子里。我需要一个应用程序来保存孩子的艺术作品，并把它们制作成一本书，因为孩子已经读了两年的学前班了，有太多的作品。我需要找一个地方专门存放打印出来的照片，而且不能放在橱柜抽屉里。现在……我什么时候有时间把这个计划付诸实施？

——玛蒂尔德

看着水沸腾、翻滚，我平静下来，有些恍惚，我把注意力集中在锅底的小气泡上，我的挑战是选择一个可怕的问题：我想成为一个母亲吗？我想到的是，成为母亲是一个过程。这不是一个简单的“是”或“否”的回答，因为有很多种形式可以展现母性。也许我想当妈妈，领养也可以？也许我可以成为一个非常关心家庭和朋友孩子的阿姨？也许我可以做一两只宠物的妈妈？最后，我提醒自己，我更需要耐心。也许我现在没有答案，但这些沸腾的水，意味着相同的投入获得相同的产出。所以也许这只是一个微小的改变，但也足以帮助我解决真正的问题。

——凯西

出
色

第九章 / 你真出色

除了你自己，没有人可以给你更好的建议。

——西塞罗[①]（Cicero）

① 马库斯·图留斯·西塞罗（前 106—前 43 年），古罗马著名政治家、演说家、雄辩家、法学家和哲学家。——编者注

当《写给自己》节目首次开展“放空”这个伟大的实验时，我并不确定我们想寻找什么，或者真正的成功是什么样的。我只有一种模糊的理念，那就是让我们回归安静、沉思的时光，我们许多人都觉得生活已经被我们的数字设备打乱了。我们假设，通过这一系列挑战，可以让听众深入思考科技应如何融入生活。也许他们中的一些人甚至会像我一样获得启发创造力的额外好处。

然而，反响超出了想象。报名人数比我们预期的要多几千人，包括不同年龄、不同地区、不同观点的人。他们的热情远远超出了我们的预期，看来我们并不是唯一带着不安的感觉看待我们的设备的群体。但是，最令人惊讶的是，通过我们的一系列简单的挑战，他们的改变比我们想要达到的更为明显和引人深思。

我们收到许多来信，青少年们说突然发现作业更容易理解了，作家也完成了作品，员工感觉没有那么倦怠了，企业家们也有时间去思考那些困扰他们和他们企业的问题了。最重要的是，正如布鲁克林的卡特那样，人们觉得“就像从长时间的精神休眠中苏醒过来一样”。他们改变了自己与手机的关系，芝加哥的佐伊说：“我感觉手机了无生气，不再那么珍贵。 它是一个工具，而不是一个知己或爱人。”

因为这是一个围绕科技进行的实验，所以我们不仅仅有关于行为转变的证据，我们也有数据来证明。

当我们开始这个项目时，我们的小组每天在手机上大约花费两小时。在第一个挑战周中，他们每天都会减少使用手机的时间。那些说玩游戏是他们三大手机活动之一的人，在使用手机上的时间减少得最多，平均每天减少 20 分钟。但是整个团队的平均时间是每天减少 6 分钟。

“放空”的数字统计

关于这些统计数据的说明：它们只是具有相关性，而非因果关系。我们不知道是什么激发了每个人的行为，无论是“放空”的挑战、应用程序提醒，还是别的什么。第一组的表现是这样的。

参与者数量：20 000 人。

女性与男性的比例：75∶25。

平均年龄：36 岁。

有孩子的比例：约 40%。

与开始时相比，每天使用手机的平均时间减少了 6 分钟，拿起电话的次数减少了 1 次。

超过 90% 的人在填写“挑战后”的调查问卷时，表示他们已经减少了使用手机的时间。

完成“挑战后”调查问卷的受访者中的 90% 感到，有一些信心或非常有信心能改变他们的电话使用习惯。（这比“挑战周”前的调查结果高出 10%。）

游戏玩家取得了最大的进步：他们使用手机的时间减少得最多，每天减少 20 分钟。

在挑战之前，有小孩的挑战者平均使用手机时间比没小孩的挑战者平均使用手机时间多。

与没有小孩的挑战者每天降低手机使用时间的 4 分钟相比，有小孩的挑战者每天使用手机的时间缩短了 10 分钟。

80% 的人表示他们将来会继续延续的挑战是，不把手机放在眼前。

毫不奇怪，大多数人（45%）也认为这是最有效的

> 挑战。
>
> 50% 的受访者希望能坚持删除任何习惯依赖的应用程序，这使得删除程序成为第二大最受欢迎的挑战，仅次于在路途中将手机放在视线之外。然而 32% 的参与者认为这是最困难的挑战。

老实说，当我拿到“放空”挑战组数据时，我感到很失望，尤其是当我把他们与分享如何真正改变了生活的人们进行比较时。

在项目开始时，参与者每天在手机上花费大约两小时。挑战后，手机使用时间只减少了六分钟，手机使用次数每天减少一次。即使人们反响很强烈，数据改变如此之少，又有什么意义呢？

这就是我向哥伦比亚大学商学院认知心理学家、副教授玛利亚·梅森博士提出的问题。梅森博士致力于研究竞争动机如何影响我们的判断、选择和行为。

她称我们的计划“野心勃勃”，她说：“六分钟有没有意义，我不清楚。”

梅森博士应该知道。她做过一个研究，在某种程度上与我们的调查可以进行横向比较。通过将“时间记录神器”下载到哥伦比亚大学150名本科生的笔记本电脑上，她调查了他们的数字设备使用情况。该软件会跟踪他们电脑开机、关机以及他们在多个活动之间切换的频率。她说："我们很好奇人们花在电脑上的时间是多少。同时我们也对人们在时间和注意力方面的选择感兴趣。"

她惊讶地发现，本科生在脸书上平均每天花费25分钟。虽然批评孩子们在脸书上花费时间，这似乎像个彻头彻尾的阿米什人[①]，但这些学生希望花更少的时间在社交媒体上。这就是他们的愿望。另外，梅森说，一天25分钟，加起来是你生命中的两年。

从她的研究来看，刷脸书似乎是许多学生的默认活动。这可不是什么新闻。正如我们讨论过的，我们许多人在使用电脑或手机时也有快速查看社交媒体的本能。

正如"放空"挑战的目的一样，梅森也希望帮助她的研究对象"更明智地选择并更有效地管理注意力"。但是，为了解决问题，你必须先找出问题的根源。

她的第一个假设是，学生能"意识到问题"。

她说："人们没有意识到他们可自由支配的时间实际上非

① 阿米什人是过着简朴而严格乡村生活的新教徒。——译者注

常有限。”除了睡觉、吃饭和工作时间，梅森估计他们每天只有四五个小时的自由时间。她认为，也许这些学生忽略了一个事实，即当他们上脸书时，他们抱有更大的希望和目的。但当他们不停地查看“点赞”时，怎么能意识到对地球上的任何人来说时间是有限的呢？也许他们需要的只是一点提醒，一些“反馈”。不。其实这些孩子已经敏锐地意识到他们正在浪费时间。

第二个假设是有些人比别人浪费更多的时间，或者梅森所说的“容量问题”。如果是真的，那么解决办法就是让那些注意力不集中的人远离电脑。好像也不是。

梅森说，究其根本，“这似乎是一个动机问题”。没错，人们具有想要摆脱脸书的意愿，更重要的是，他们得相信他们可以做到。

梅森认为我们“放空”的经历取得了巨大的成功，因为我们的参与者从他们的成就中获得了信心，并对控制其数字产品使用命运的前景感到乐观。事实上，我们第一个调查组中有 90% 的人表示“有或者非常有信心”可以改变他们未来的手机使用习惯。“挑战周”后，我们发现“有足够时间思考”的人增加了一倍多，从 30% 跳跃到 67%。

纽约的挑战参与者埃里克·格林沃尔德反映了许多人的感受，虽然他的手机使用时间减少得并没有像他希望的那样少，但他说："我觉得我更有意识地使用它。当我知道我在更有意识地使用它时，我没有那种内疚的感觉。"埃里克惊喜地发现，当他决定切断电话"线"时，他真的这么做了，且看到了结果。他说："也许我必须每天早上给自己一点小小的挑战。"

梅森说："人们对主动性本身的热情是有意义的。这也是时代的标志。很多人觉得他们没有按自己想要的方式来管理自己的可自由支配时间，而科技使得这个问题变得更加困难了。"她又说："我的意思是，谁会在临终前说，'我仅仅在脸书上花费了两年时间'？"

> 摆脱不停地查阅信息是可行的，而且不会感觉太糟糕！
>
> **——兰迪**
>
> 我重新评估了使用手机和照相机的时间，以及我是否真的记得事情，因为我在现实和手机之间制造了屏障。
>
> **——诺拉**
>
> 非常感谢你激励我更多地了解自己。我将会在余生中真正接近自己的内心。
>
> **——克里斯汀**

/ 我们感到无聊 /

这项倡议有很多启示，但如果要我引用我最珍视的那个的话，那一定是：我们感觉到科技正在改变我们、我们的行为和思维方式，以及通过科学证明了我们的直觉是正确的。

亨特学院（Hunter College）的一名宗教课兼职讲师迈克尔·D. 哈尔滕贝格尔，生动地描述了在他的宗教体验课上给学生们带来“放空”的挑战背后的动机时的这种感受。“在这个过程中，我们讨论各种宗教经验（嗯，这是一个超越我们新视角的卓越体验）。”他写道，“当我们讨论视觉探索、成瘾体验、圣人和先知的生活时，我们很快就会发现，日常生活的干扰是对独特体验的阻碍。”他说：“情况一直如此。也许现在更糟糕的是分心更加容易。虽然我的学生似乎本能地知道他们的屏幕时间正在影响他们的生活，但是很少有人大胆地去证实这一点。‘放空’项目就是我一直在等待的能解决这个问题的机会。”

哈尔滕贝格尔抓住了核心点。“放空”是一个机会，强迫我们感受内心，并通过给它一个结构，我们可以检验它是否真实。

玛利亚·梅森博士认为，这项倡议及时地为人们带来了活力和兴奋。挑战结束后，在我们对挑战参与者的调查数据中发现，太多受访者表示他们不想再习惯性地拿起手机或查看各种数字设备，这令梅森非常惊讶。我们正处在一个似乎没有任何地区或任何人可以超越科技的时代。

随着移动设备和无线网络在打破经济和社会壁垒方面变得更加容易，数字技术每一天都必不可少。但不可否认，这些小玩意对我们有很大的吸引力。当父母强迫他们去一个没有 Wi-Fi 信号的地方度假时，青少年将他们的色拉布密码交给朋友使用，这样他们就可以继续收集积分并获得战利品表情符号了。有些像我妈妈这样的人，声称自己不喜欢手机（真的不知道如何使用应用程序），但当她查看信息时，就像我们其他人一样，她被完全吸引到屏幕上，就好像掉入《爱丽丝梦游仙境》中那个奇怪的兔子洞里了。

“放空”项目甚至对那些不认为科技有这种力量的人产生了影响，比如我的制作人。（或者完全不在乎，像我朋友的父亲一样，他是一个聪明老练的人。但在他 70 多岁得到自己的第一部智能手机后，他不愿再放下手机，无论是在孙子的生日聚会上、在海滩上还是开车时，他声称这是他的权利，因为他在弥补失去的时间。）所以我的制作人亚历克斯，当我第一次向他介绍“放空”这个想法时，他并不理解，因为他使用手机和数字设备并不多。尽管如此，在我们开始这个项目之前，他经历了许多挑战，这些练习对他来说也很困难，具有强大的力量，他意识到自己也想做些改变。（就像我们很多人一样，他不知道他多久查看一次手机。）这些挑战揭示了许多无意识的行为，与他原本以为的并不一样。

无论是屏幕阅读影响注意力持续时间，电子游戏影响社交能力的事实，还是拍照影响记忆的事实，我们都正处于一个自我实验的时代。技术的发展速度比研究人员的研究要快。科学跟不上，这就是为什么我们需要一个新的跨学科的方法，比如提供“放空”挑战。现在研究需要搬出实验室，因为生活就是新的实验室。

一起无聊吧

在“放空”的第一个挑战周，很多人聚在一起进行群体挑战。至少有六所大学将该项目纳入课程，比如哈尔滕贝格尔讲授的宗教课程。全国各地中小学教师也为学生们安排“放空”挑战，甚至有一个学前班也进行了挑战。（老师把学生们最喜欢的闪光玩具放在一边，用黏土和蜡笔等材料代替，忽略他们的抱怨，直到学生们开始“以不同的方式玩耍”。）

我们听说甚至有父母为了让孩子参与挑战，邀请了多达

20个朋友共同度过挑战周。在全球之声公司，有一整个部门作为一个团队参加了挑战。

将“放空”经验变成团体挑战经验非常棒。就像锻炼计划一样，挑战周不需要花很多精力去完成，而且真的很有趣，另外，还有其他人一起激励着你坚持下去。

如同任何集体活动一样，为了保持积极的态度，你需要尊重团队中各个成员对每个挑战的不同反应。

对一个人来说很容易甚至很可笑的事情可能会对另一个人造成心灵上的伤害。不要评判。相反，在你了解自己的同时，利用每一个练习来获得对他人的新的洞察力。

从《写给自己》栏目的经验看，“挑战周”是一个观察团队如何作为整体工作，并找到使用技术来相互交流的很好的方式。

我最喜欢的研究之一，是中断专家格洛里娅·马克所做的日本花园研究。她创建了一个与众不同的原型设计，“该原型设计可以通过告诉其他同事自己何时可以被打断来帮助这些员工管理自己的工作时间”。在这个实验中，“花园”由放在一小盒沙子中的不同颜色的岩石组成，这些石头代表着一个人的项目，如果他在做这些项目的话。通过以某种特定的方式排列岩石，每位员工都可以无声地向同事发出信号，表明他是愿意交谈，还是需要独自专心工作。这个想法很可爱，很随性。但最终证明，它不是一个完全成功的想法。虽然盒子就放在他们的桌子上，马克发现“达成协议和技术解决方案都是必要的”。

这或许可以解释为什么当我在小型日本花园的沙地上留下三把耙子时，我的团队把它当作礼物给了我，象征着“让我独处”，这根本就不是我想的那样。

那么发生了什么不同的事情呢？从广义来讲，技术进步给我们带来的经验是不可估量的。我们感谢互联网和新连接给我们带来了许多深刻变化，比如：

- 美国争取种族平等的新运动。
- 教育的可获得性，无论地区或社会经济地位如何。
- 被大洋和高昂的电话费隔离开的移民家庭如何保持联系。
- 从重新设计蛋白质到了解罕见疾病的所有方面，科学家们都使用了互联网外包服务。
- 在医疗条件有限的地区，家长们能够收到有关把孩子带到何处接种疫苗的短信。

- 为小企业主提供廉价的会计、客户、销售和法律工具服务。

在全球范围内，可以肯定的是，从未有过如此开放的方式去接触如此广泛的人群、地区和视角。

但是据我们所知，获取自由这种说法并不恰当。因为它会有成本。深思熟虑的新闻不能仅靠数字广告来生存，因此报纸也没人看了。我们的个人身份和信息被数十个甚至都不记得的密码保护着。操场上再没了校园恶霸，他们存在于网络社交生活的各个领域以及各个年龄段。但也许我们最大的损失是耐心：耐心地完成一句不完美的话语；耐心地读完一段密密麻麻的文字，不是读一遍、两遍，而是读三遍来理解一个难点；耐心地让一个个闪过你脑海的念头成长为一个平庸普通的概念，然后才能发展为一个杰出的想法。这些都需要时间。这恰好是我们的手机不能给予我们的。当然，我们可以和更多的人联系起来，获得更多的信息，但是，我们的小工具无法区分什么是废话交流，什么是值得品味、思考和记忆的交流。这仍然取决于我们。

我的听众之一、美国罗斯霍曼理工学院机构规划和评估办公室的执行主任朱莉亚 · M. 威廉姆斯（Julia M. Williams）担心电话使用会给人造成不好的印象。她写道："当技术专家在会议或演讲中没有给予听众充分的关注时，他们可能会错过那些能够帮助他们解释提案影响的非语言线索。”她还说，“我希望让我的学生成为那些在这个领域与他人不同的技术专家，因为他们可以放下手机和你交谈”。

像许多教育家、父母和雇主一样，朱莉亚发现她需要教学生们谈话技巧，而她以前认为学生们理应都会。谈话、倾听、目光接触、关上手机、响应对方以及无聊，这些都是现在需要积极付诸的实践。这并不是说“数字原住民”[①]不会感觉到或者不知道这些东西，只是他们没有优先考虑。因此我们必须为这些实践命名，安排出时间表并为它们庆祝。如果你一直拥有这些技能，或者你从未拥有过这些技能，那可能会觉得奇怪。尽管如此，我们还是需要重视它们，我们需要珍惜我们独处的时光，因为所有这些连接都会使我们感到疯狂。

人类总能找到一种方法，将非理性和存在主义思想注入哪怕是最迟钝的物体中，而科技也不例外，它引入了一个全新的领域，让人感到不安。以哈迪·门德斯（Hady Mendez）为例，她是我的一名听众，在玻利维亚科恰班巴做传教士。她告诉我们，

---

① 数字原住民（Digital Natives）意为“80 后”甚至再年轻些的这代人，他们一出生就面临着一个无所不在的网络世界。对于他们而言，网络就是他们的生活，数字化生存是他们从小就开始的生存方式。——译者注

关掉手机上的所有提醒有一个非常震撼的效果。“几乎不用再去拿手机，也没有任何通知在等着我，”她说，“有时我觉得，什么？没有人爱我吗？”很多人都说自己和哈迪有同样的感受。后来哈迪意识到不用担心，没了这些通知，她不会活不下去。作为一个在精神领域工作的专业人士，她说：“我需要更多地参与到我的工作中。”

也许因为我是一个母亲或者是一个喜欢控制一切的人，但是对于我来说，电话已经成了“一切都好吗？”的按钮，我会不断检查是否每个人都很好，是否开心，是否受伤。这是一种持续的低等级的警惕，这种警惕总是伴随着为人父母而来，但手机似乎加剧了这种警惕。“放空”挑战并没有改变这种神经质，但它确实让我认识到并开始了思考。例如，有一天晚上，我和家人出门了，在街区的半路上，我突然意识到把手机落在了厨房的水槽边。我强迫自己不要回去找它。毕竟，孩子们和我在一起，我丈夫带着手机。所以这个决定并不是很激进，只是偶尔远离手机一会儿，不用在地铁上拍孩子们的照片，或者强迫症似的检查我最喜欢的天气应用程序，然后刷新《纽约时报》应用程序，快速浏览头条新闻。即使没有手机，即使没有向任何人展示美丽的落日余晖，我仍然是这个世界上的一个人。不过当你没有掌控一切时，你会感到有点害怕。当你感到害怕时，你会更有活力。

这让我想起了玛丽娜·阿布拉莫维奇对人们害怕在她的音乐会开始前交出自己的手机的评论："你认为你与一切断开了联系，但问题是，你与什么断开了联系？实际上，你在拥有了这些东西后，就在不断地与自己脱节。"

我注意到，当我不再那么频繁地使用手机时，我更在意我的朋友们使用手机的情况。而且，当我只是站在那里，他们会感到尴尬，并把手机拿开。

——杰米

我删除了手机中的推特、脸书、照片墙、微博和色拉布，这是一种令人尴尬的情感体验。起初，看着屏幕上没有新的通知，我感到一种奇怪的孤独。但我真的很喜欢由自己决定什么时候考虑或访问我的社交网络，而不是让我的手机来为我决定。

——罗科

/ 无聊和超越 /

在与所有的科学家和思想家讨论最初的倡议和本书时，我总是有意或无意地询问他们对于数字时代的一些负面影响的解决方案。我像海绵一样吸取专家的意见。

有一种观点认为，科技可以解决科技带来的问题。万维网的发明者蒂姆·伯纳斯–李（Tim Berners-Lee）正在开展他的项目，让我们重新控制我们的数据。玛利亚·梅森用她认为最有效的动机模型，设计了一款应用程序，让人们可以在工作中保持专注。该应用程序是这样的：若你决定要跑马拉松，你必须每天训练一个小时。若你也决定每天只刷脸书 20 分钟，所有这些信息都会输入应用程序中，当你刷脸书的配额时间超过了，该应用程序会给你发通知，如果你决定继续玩，它会向你展示社交媒体正在吞噬你的马拉松训练时间。梅森的理论应用程序旨在提醒你，你真正关心的应该是做出有结果的选择。

还有其他一些人，比如“欢乐时光”运动的特里斯坦·哈里斯（Tristan Harris），他认为设计师和科技领导者需要创造“在额外的屏幕时间增强人性”的产品。哈里斯和社会科学家乔·埃德尔曼（Joe Edelman）正在研究“希波克拉底誓言”的软件设计，其中包括道德规范、评级体系和认证标准。索伦·高德哈默（Soren Gordhamer）、智慧 2.0 大会[①]（一个致力于“集结智慧和

① 智慧 2.0（Wisdom 2.0）会议，美国每年一届的最大的正念会议，汇集来自美国科技界、投资界、企业界、艺术界、正念界人士的年度盛会。——译者注

技术”的热门会议）的创造者，相信硅谷的领导者已经做好了这样的准备。“他们感到内疚，”他告诉《大西洋月刊》，“他们意识到他们创造的东西太容易让人上瘾了。”

也许吧。如果行业内出现一场真正的运动，创造出对社会更有利的技术，那将是了不起的。但是，除非当前的商业模式完全被颠覆，否则你将不得不原谅我的怀疑。为什么像色拉布这样估值为250亿美元的公司都要改变商业模式呢？我完全认为，消费者应该倡导符合自身利益的科技，而行业从业者和政府人员都应该倾听。我们还需要向监管机构和立法者施压，让他们理解隐私问题和经济不平等的利害关系。但在此期间，我们应该从《糖果传奇》中走出来。

我们需要听取我们的直觉。如果你在网上待了两个小时后感觉不舒服、焦虑或恶心，那这可能是有原因的，你可以做点什么。

大卫·乔格（David Joerg）是一位沉迷于游戏的爸爸、软件开发者，他设计了一个完全数字化的鲁布·戈德堡机械[①]来限制

① 鲁布·戈德堡机械（Rube Goldberg machine）是一种被设计得过度复杂的机械组合，它以迂回曲折的方法去完成一些其实是非常简单的工作，例如倒一杯茶，或打一颗蛋等。在20世纪30年代的美国，鲁布·戈德堡机械被形容为“荒谬地组合在一起的机械”。自此，“鲁布·戈德堡机械”的意思亦扩展为“极为混乱或复杂的系统”。——译者注

自己玩最喜欢的电子游戏。不同于他的是，我们大多数人不得不依靠更简单的东西：自我调节。我们都拥有自我调节的能力，并且这是免费的！也无须签署任何服务条款。

我承认我的自律能力总是不尽如人意。例如我玩《两点之间》游戏。在我删除了这个应用程序后，如果我在地铁上，看见有人在我旁边玩《两点之间》（这种情况时常发生），我就会从他们的肩膀看过去，一直看他们玩。因此即使“放空”挑战结束后，我也没有再下载《两点之间》游戏。大约一年后，游戏设计师简·麦戈尼格尔让我在手机上下载新版本的《两点之间》。当时，作为一个恐惧飞行的人，我要在空中紧张地飞行 20 多个小时，前往澳大利亚参加一个会议。因此她建议我玩这个游戏以此分心，对抗焦虑。无论是好是坏，它都起作用了。

只要回到纽约，我就可以立即删除这个游戏，然而我没有。我不能这样做。我已经打到 82 级了。我又上瘾啦！但是我做了一件事情：我把这个游戏归档到我手机上的虚拟文件夹里，标记为“生产力”。那样的话，每次我去玩《两点之间》时，我被迫多点两下，以嘲笑我那荒谬的冲动。它真的阻止了我吗？很少。我觉得有点难为情，但还是玩了。但是，正如麦戈尼格尔建议的那样，我确实试图将玩游戏时间限制在五到十分钟之内。这是我对梅森理论动机应用程序的自我动手版本，它让我更难以接近这个游戏，就像一个减速带，在你完全沉浸在游戏中之前，提醒我，“曼诺诗，记住，你的游戏是生产力的对立面”。

在参加“放空”挑战之前，我计算出我的iPhone使用率大概是我醒着时间的90%。我如此沉迷，以至于每晚只睡大概四个小时，而且我还有两个小时一定会梦到我的iPhone。开车时我从不发短信，除了等红灯时。但有时，我会把车停到路边长达30多分钟来回信息。我的妻子对此表示不满，因为我吃晚餐总是迟到。但话说回来，我在吃饭时，总是埋头看手机，所以这又有什么区别呢。但是，现在，多亏了“放空”挑战，我的生活好多了。

我遵循了所有的指示，哇！它真的有效！我现在清醒时使用手机的时间减少到了85%。我几乎不知道如何利用这段恢复期。作为一个“70后”，我不得不承认，我很惊讶我们竟能够在没有这些技术的情况下活下来。那时，我们用座机打电话，更糟糕的是，我们通过敲门邀请别人玩棒球或其他老式游戏。我们会离开家几个小时，而我们的父母不知道我们在哪里，也不知道如何用“找朋友”（Find Friends）之类的东西来追踪我们。如果我们迟到了，我们不能打电话告诉他们。我的孩子们不相信这样的世界确实

> 存在过。但后来我在网飞上给他们看了一集 20 世纪 70 年代的电视剧，他们大概相信了。无论如何，再次感谢新时代的到来。
>
> ——**马丁**

我并不喜欢人们将“放空”项目称为“数字戒毒”。我并不反对在特定时间内彻底关机。这样的休息是很好的，如果你能做到的话。但是把手机锁在抽屉里并不能帮助你养成更好的手机使用习惯。

“放空”项目是关于在数字世界中更聪明更好地生活的活动。任何不存在技术的地方，谁愿意去呢？我喜欢一个手机应用程序，它可以告诉我，我需要乘坐什么样的车才能尽快离开地铁站。我所倡导的是平衡之道，平衡我们使用科技的方式，并尽可能确保我们的电子产品与我们珍视的真实的东西保持一致。是的，我们正面临着价值数十亿美元的公司，以及高学历、高智商人群的联盟，他们花了一大笔钱让我们保持在数字反馈回路中。但是，我们可以采取一些行动（其中有些行动并不比给一个文件夹起一个有趣的名字更难）来控制随时可能压倒我们的信息和刺激的威胁。

芝加哥艺术学院心理学家迈克尔·皮特鲁斯娶了一位数字营

销高管，在谈到这个话题时，他引用了希腊哲学家埃皮克提图（Epictetus）（55—135 年）的话："如果超越了适度的范围，快乐就停止了。"皮特鲁斯张贴了一张一个小孩躲在树后的照片，上面写着"没有你，互联网也很好"，来定期提醒自己"与人相处，即使有挑战，也是经验"。

我在数字生态系统中寻求平衡的感觉，是最难也是最值得的。这就像婚姻、为人父母或友谊一样，我们与科技的关系也需要不断去经营。

随着虚拟现实进入我们的生活，这种寻求平衡的动力只会越来越有必要。我把科技与人类最基本的需求描绘成一个光谱的两端。以前，这个光谱相当有限。（想想马车是什么时候发明的。当然，这是件大事，它改变了你的距离感，但并不是你的存在感。）现在，这一光谱的空间越来越大，而且每天都在扩大。任何一种极端都不好，每天我们都会做出无数的选择，而这些选择最后通常会让我们处于科技与人的最基本需求的中间地带，达到一种平衡。我应该在星期六发推特吗？在会议上回复短信？把电子邮件存档？加入照片墙应用吗？每天，那么多决定，那么多选择，让人筋疲力尽。但至少"放空"实验证明，如果你不做这些决定，公司、应用程序或社交媒体网站会替你做决定。

不能再坐视不管了！

致谢

感谢一群有趣的人帮助我完成这本关于无聊的书。

我的编辑，迈克尔·弗拉米尼（Michael Flamini），在杰西卡·劳伦斯（Jessica Lawrence）的引荐下，我们一见如故。非常感激你和整个圣马丁团队给予的热情支持。

SK 公司的斯图尔特·克里切夫斯基（Stuart Krichevsky）和罗斯·哈里斯（Ross Harris），感谢你们耐心的电话指导，我深表敬意。

致那些与大家分享发现的研究人员、科学家和学者：你们激励了我和我的读者们。谢谢你们为这些话题做的深入思考和研究。

事实上，我仅仅是纽约公共广播电台勤奋的同行们的一个代表。他们乐意把一个模糊的想法，变为大家都没有预料到的现实。项目初期，亚历克斯·戈德马克（Alex Goldmark）和阿里亚娜·托宾（Ariana Tobin）是出色的共同执行者，如果没有他们，这本书是不可能诞生的。吉姆·沙克勒（Jim Schachter），感谢你答应帮助我，以及约翰·基夫（John Keefe），你和数据新闻团队总是能把一个想法变得更好，更具体。

非常感谢安德鲁·唐恩（Andrew Dunn）、尼娜·卡察杜尔（Nina Katchadourian）、玛丽娜·波波娃（Maria Popova）、凯文·霍利什（Kevin Holesh）、詹妮弗·霍利亨·鲁塞尔（Jennifer Houlihan Roussel）、迈克·赫恩（Mike Hearn）和伊凡·齐默曼（Ivan Zimmerman）。也感谢其他慷慨、严谨的纽约公共广播电台的同事付出的时间：西奥多拉·库斯兰（Theodora Kuslan）和她的团队，特别是萨哈尔（Sahar）；约翰·赫西（John Hersey），你的工作和你知道我们的声音应该是怎样的能力是上天给予我的礼物。对于马林（Marine）、瓦尔（Val）、菲奥纳（Fiona）、凯文（Kevin）、艾莉森（Alison）和整个数字团队，我非常感谢你们配合实验的意愿和效率。杰奎琳·钦科塔（Jacqueline Cincotta），谢谢你总是支持我。罗宾（Robin）和雷克斯（Rex），感谢你们帮我梳理文章内容的表达思路。

我需要特别感谢孜孜不倦的查理·赫尔曼（Charlie Herman），最初是你引荐我进入纽约公共广播电台的。科林·坎贝尔（Callin Campbell），我们相处的时间虽短却很关键。詹·波恩（Jen Poyant），你是我在音频方面的好朋友。我迫不及待想看看我们下一步可以做什么，特别是与凯特·亚伦（Kat Aaron）一起。乔·普洛德（Joe Plourde），感谢你的耐心和惊人的听力。宝拉·舒兹曼（Paula Szuchman），你想出这个名字，真的非常好。贾德·阿布拉德（Jad Abumrad），你对这个项目的祝福成就了麦克纳特（McNutt）。约翰·赵（John Chao），你在白板上写了“出书”，然后使之成为现实。我们做到了。谢谢。

院长卡佩罗（Cappello），你和劳拉·沃克（Laura Walker）给了我一个无法拒绝的提议。你如此信任我的好奇心、创造力和毅力，鼓励我要有雄心壮志，引导我走向了这条我原本不敢想象的道路。

谢谢你，克尔斯滕·克鲁特（Kirsten Cluthe），作为我的专业咨询顾问，我一直得到你的支持。

致整个罗宾家族，特别是莱诺尔（Lenore）和诺埃尔（Noel），谢谢你们的爱和慷慨，让我成为你们的一员。

致我的父母，由于你们十年来每周帮我照顾孩子，本书才得以顺利出版。由于你们在过去40年的慷慨支持，我才有一个稳定的家，我不知道该如何感激。

艾明（Armin）和吉塔（Gita），你们是这么好的兄弟姐妹，我们彼此欣赏。吉塔，特别感谢你，你原本可以安心地享受比利时薯条，却与我讨论和梳理本书的想法。

致我亲爱的乔希，你的宽容和善良是如此真诚。我们生活美好，你功不可没。我深深地爱着你。

最后，致读者们，你们慷慨和开放的思想教会了我很多。通过你们的故事，我更清楚地认识了世界。谢谢。